環境・文化・未来創造

学生と共に考える未来社会づくり

奥谷三穂

芙蓉書房出版

はじめに

二〇一一年は日本のあり方と我々の生き方を問う重要な節目の年でした。何百年に一度という大地震と大津波。それに伴う原子力発電所の事故は、尊い多くの命と豊かな自然環境を犠牲に、日本社会のみならず世界のあり方と、私たち日本人の暮らしのあり方に問い直しを迫るものでした。期せずして私はこの前の年から、京都府立大学に着任し、福祉社会論というリレー講義と文化経済学・文化政策論の専門講義を持つことになったのです。結局この任務は、たったの二年で終わることになってしまいましたが、長く公務員生活を続けてきた私が持つことになった初めての大学教員体験であり、何よりも二〇一一年という節目の年に講義を持つことになったということで、特別な意味を感じるものがありました。講義を通じて学生たちと考え、学びあったことを書き記しておくことは、こんにちの社会を良くも悪くも築いてきた我々世代の責任であり、また、これからの時代を担う若い人たちに何らかの示唆を与えることができるのではと考え、筆を取ることにしました。

したがって本書では、一回生を対象に行った「福祉社会論」のリレー講義の中から、特に今書き留めておきたい点を中心に、講義では十分に伝えることができなかったいくつかの論考も加え、学生に語りかけるようにできるだけわかりやすい口調で筆を進めることとします。講義の中で、学生の書いたレポートなども紹介し、今どきの若者が何に関心を示し、どのような考え方をしているのかもお伝えしたいと思います。

3・11東日本大震災をきっかけに、社会は大きく変わろうとしています。特に、エネルギー問題は、地球システムという限りある自然環境の中でしか生きることのできない我々人間に、究極の命題として「いかに生きるのか」を問い糺してきているといえます。もはや小手先の制度や技術だけでは、この問題を解決していくことはできないでしょう。

自然環境の中でしか生きることができない私たち人間が今はたらかせるべきは、限りない人間の欲望を抑制する知恵と自然環境の中で健やかに生きる工夫です。人間は元々の力として、自然の中で生きる知恵と工夫を持ち得てきました。そこには当然のことながら、自然に向かう思想や感じ方、畏怖や畏敬の念なども含まれています。一人では生きられないため、共同して助け合ったり、役割を分担し合うしくみも含んでいます。それらの総体を「文化」と総称します。すなわち「文化」とは、人間が自然との関わりの中で見出してきた知恵や工夫、共有されてきた慣習や価値観、思想の総体であると定義されます。

3・11後の未来社会づくりにおいて、最も重要なキーワードは「文化」であると考えます。わずかな期間ではありましたが、学生たちと学んだ貴重な講義の一コマから、「環境と文化の関わり」を一緒に考えていただくことができれば幸いです。

環境・文化・未来創造●目次

第二章　未来社会づくりにおける新たな価値の創造

第三章

中国とブータンの社会づくりを考察する

第一章

未来社会づくりにおける文化と環境

1　未来社会づくりのための文化の役割

＊環境と文化

未来の社会づくりを考えるとき、福祉や経済など、様々な分野から考察することができると思いますが、私の考える未来社会では、環境と文化を基盤として考えていきたいと思います。未来の社会づくりとは、地域の「自然環境」と地域社会を構成する人々によって形成される「社会的環境」によって生み出される有形の「物」と無形の「知力」（慣習・文化など）が、地域を構成する人々によって尊重され、自然環境が守られながらより良く生きられる**Well-being**な社会づくりであると考えます。また、文化とは、人間が自然との関わりの中で見出してきた知恵や工夫、共有されてきた慣習や価値観、思想の総体であると考えます。

なぜ、未来社会づくりにおいて環境と文化が重要になるのでしょうか。環境の重要性はわかる気がしますが、なぜ環境と文化なのか、少し不思議に思われるかもしれません。このことを最初に説明しておきましょう。環境問題について語られるとき、環境を保全するための法制度や環境を改善するための技術について議論されることが多いのですが、私は京都府の環境行政に長く携わる中で、法律や制度、最新の環境技術だけでは環境問題を解決していくことができないのではないかという思いを強く持つようになりました。なぜかというと、法律や制度で規制できるのは、最低ここまでは守りましょうという個々の事象や対象に対するひとつの基準でしかなく、環境問題を全体的に解決していくには限界があるからです。

例えば京都府では、地球温暖化対策として、企業に対しCO_2の削減計画を提出するよう義務付けました。ただし、すべての企業を対象とするのではなく、原油換算で一五〇〇キロリットル以上という一定以上のエネルギーを使用する事業所に限りました。設備投資による省エネの対策などが取りにくい中小企業は対象としないことにしたのです。これらの大規模事業者約三〇〇社だけで、京都府内のCO_2排出量の三分の一を占めますので、この義務化は意義のあることではあります。

しかし、京都企業には環境技術や環境製品で世界的に貢献している企業が多くありますので、環境に良い製品を作れば作るほどCO_2を排出してしまうという矛盾を抱えることにもなります。また、CO_2の原単位換算といって、一つの製品を作るのに伴うCO_2排出量を削減していく努力もされていますが、製品が多く売れれば売れるほど全体の排出量が増えるといった問題も生じていました。

これらのことからもわかるように、制度で規制できるのは限られた範囲にならざるを得ないこと、技術に頼ったとしても新たな製品の開発や生産には、どうしても環境負荷がかかることが環境問題の解決を難しいものにしているということです。だからといって一企業や一自治体単位での取組に意味がないといっているのではありません。環境技術や環境製品の開発も、原単位での削減も、省エネの取組みも、ひとつひとつはとても重要なことですので、取り組みは推進されるべきだと思います。

しかし、最も根本的な問題として、地球全体の環境システムを視野に入れた政策が考えられているか？ということです。地球規模の自然循環可能な範囲での人間活動ができているか？という大きな視点に立って我々の社会活動を振り返るとき、世界のCO_2の排出量は一九九〇年からの二〇年間で45％増加し、地球全体の炭素吸収量の倍以上を排出しています。

『エネルギー白書２０１１』には人類の歴史とエネルギー消費量の推移の図がありますが*[1]、それによると、世界のエネルギー使用量は一八七五年の産業革命の頃は一人一日当たり七万七〇〇〇キロカロリーであったものが、一九七〇年代には二三万キロカロリーと、約三倍に増加しました。また、図１にあるように、エネルギーの増加量はＧＤＰの増加に比例しています。特に経済発展を先進的に進めてきた国々の一人当たりエネルギー使用量割合は大きく、例えば世界中の人々が米国人と同じエネルギー使用による暮らしをしたとしたら、地球が九個分必要になると言われています*[2]。

また、人間活動によって消費される資源量を数値化したエコロジカルフットプリント（人間

図１　世界のＧＤＰとエネルギー消費の推移
（『エネルギー白書2011』第２章「国策エネルギー市場を巡る近年の潮流」より）

が踏みつけた足跡）では、耕作地や森林、居住地など世界で一人当たり一・八グローバルヘクタールという広さが持続可能な数値であるといわれています。しかし、米国人の暮らし方では総量としてのエネルギー九・四グローバルヘクタールが使われ、私たち日本人でも四・九グローバルヘクタールを踏みつけているといいます。米国人のような暮らし方を世界中の人がしたとしたら、地球が五・二個必要、日本人の暮らしでも二・七個の地球が必要になるといわれています[*3]。こうした現実を見ないふりをして、あらゆる政策もあらゆる企業活動も、また私たち一人ひとりの暮らしも、本当は成り立たないのではないかと思います。

　そして、二〇一一年三月一一日に発

生した東日本大震災とそれに伴う東京電力福島第一原子力発電所の事故は、技術開発によりかかった社会基盤の脆弱さをまざまざと見せつける結果となりました。この大震災は日本の私たちだけでなく、世界の、特に先進的に豊かさを享受してきた先進各国に決定的な命題を突きつけたといえるでしょう。豊かな暮らしを支えてきたエネルギーは、気候変動問題を引き起こす化石エネルギーに続いて、ウランによる核分裂という循環可能な自然界のシステムでは処理できない物質によって支えられていたことが明らかになりました。人間ばかりでなくあらゆる生物の命の源となる地球という基盤が、人間の手によって破壊されつつあるという事実を、大きな反省の念を持って受け入れなければならないと思います。

このような世界的視点に立った大命題に立ち向かっていこうとするとき、大事なのは根本的に社会のありようをどのように捉えるべきなのか、人間は地球上のひとつの生物としていかにあるべきかという根本的な思想に立ち返るべきではないでしょうか。法制度や環境技術が具体的政策として重要であることはもちろんですが、それは部分として正しいのであって、そうした対処療法的な制度や技術だけでなく、もう一つの全体的な視点として、人間はいかにあるべきかという根本的な問いにも社会全体が目を向けてみる必要があるのではないかと考えます。

では、この大きな問いへの答えはどのように見つければいいのでしょうか。そのありかが「文化」にあるのではないかと私は考えます。

＊地球システムと文化

次に、文化が「人間はいかにあるべきか」という大命題への回答を持ち得ているとする根拠について説明していきましょう。

図２をご覧ください。これは私がイメージする地球システムと人間との関係を示した図です。私は地球科学の専門家でも自然科学の専門家でもありませんので、詳細なしくみを説明することはできませんが、この図はいろいろな専門家の方が書かれたものを読んで、自分なりに組み立ててみたものです。

まず、人類が生きていく上で不可欠となる環境の要素として、大気・水・土壌があげられます。大気も水も土壌も、人間の手で作ることができないものです。地球が最初に誕生した時は、大気と海洋とコアと呼ばれる物質圏で構成されていたそうですが、これらが相

図２　地球システムと文化のイメージ図

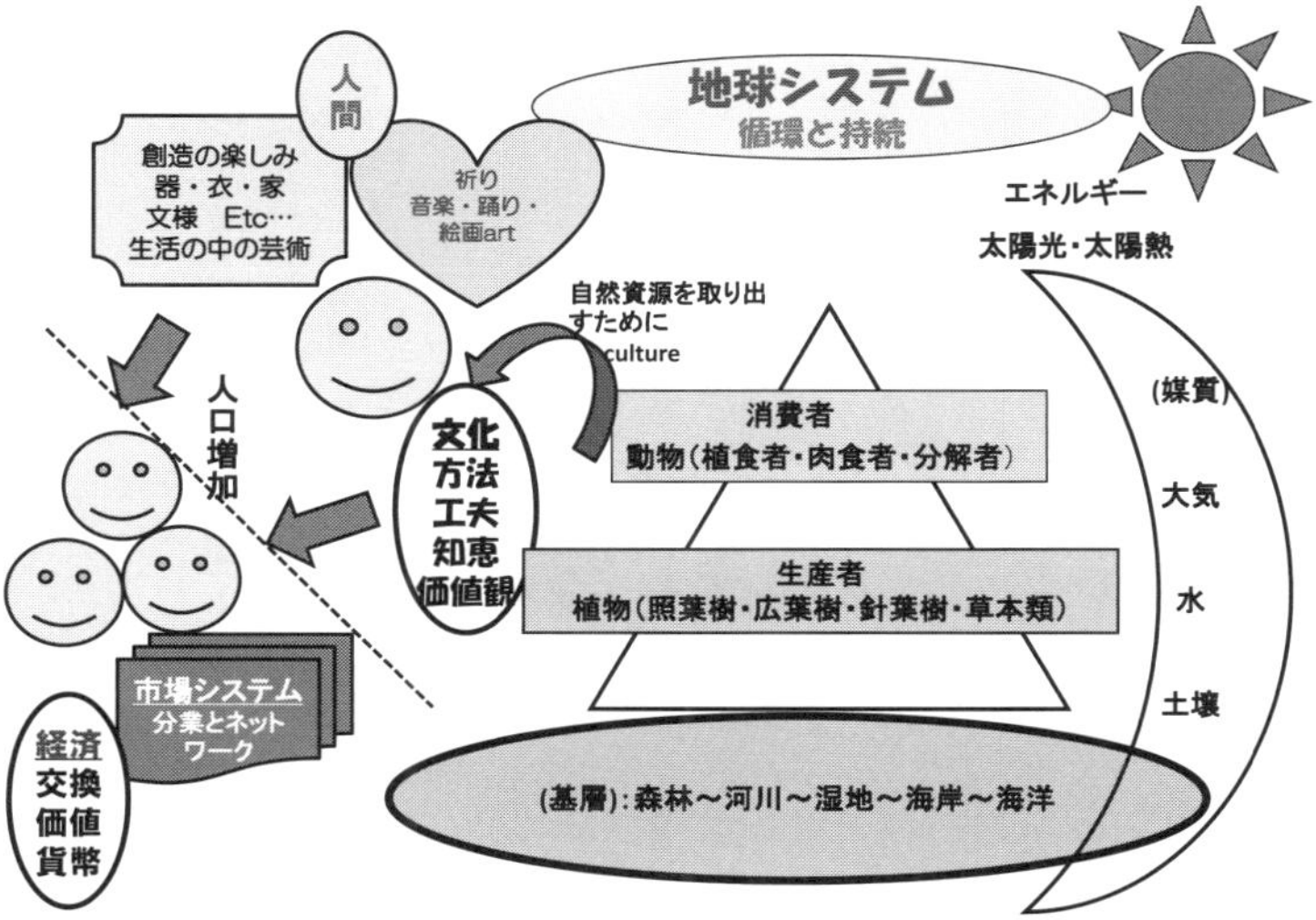

互に作用する中で今の地球の姿ができてきたということです＊4。大気も水も土壌も、人間を含むあらゆる生物が生きていくのにふさわしい状態を作り出しているので、私たち人間も生きていられるのです。

例えば私たちはよくコンビニでペットボトルの水を買いますが、水は工場で作られているわけではありません。山に降った水が谷川を流れ出て大きな川になり、私たちは暮らしに必要な水を浄水場へ引き込んできれいな水にし、それぞれの家庭の台所やお風呂やトイレで使います。使った水は下水管から下水処理場へ運ばれて、バクテリアの力などできれいにされ、また川へ戻されます。川の水は海へと流れ出ていきますが、ここで太陽熱に暖められて水蒸気になり、上空へ上がって風に流され、山に当って冷やされて雲になって雨が降ります。そしてまた先ほどと同じ循環を繰り返しているのです。このように、もともとの水は人間が工場で作っているのではありません。土壌もそうです。動物や植物の死骸が様々な昆虫や菌によって分解され土に返っていくのであって、人間が作り出したものではありません。

この三つの媒質のはたらきの中で、基層の上に植物が芽生え、植物はCO_2を吸収し太陽光によって光合成を行い、次々に成長していきます。それを食する様々な動物がいて、〈食う〉〈食われる〉の食物連鎖の関係を保ちながら生態系バランスが成り立っているのです。人間はこの生態系のバランスの中で人間が食べる食物を特別に栽培したり養殖したりしているのですが、栽培や養殖に必要な水や肥料、飼料もまた、この自然の循環システムの中からしか得られないのです。例えば私たちは、牛肉や豚肉、鶏肉などを食べますが、これらも人間が飼料を与えて思い通りに生産していると思いがちですが、これらの動物たちが食べる飼料も、穀物という植物なわけです。その植物が育つためには水と太陽光と土壌が必要ということですので、結局のところ「人の手によることのできない地球システムのおかげで我々人間は生かされている」ということなんです。

このように「人間は自然の中でしか生きられない」ということは自明の理なのですが、人間はこうした地球システムのことを時に忘れて生産性の向上にばかり一所懸命になってしまうようになり、耕作、畜産、漁業によって環境が破壊されるという問題が起こってきたのです。人間は自分たちの生活のために、地球システムの循環可能な限度を超えて、地球の資源を使いすぎたり、破壊したり汚染したりしているということが環境問題を引き起こしているということです。

こんな簡単なしくみくらい、くどくどしく説明しなくてもわかるという人も多いでしょうが、ではなぜ環境問題は簡単になくならず、先進的に豊かになった国と未だに電気もない国ができてしまったのでしょう。

ここでひとつ、世の中がこんなにも複雑になる前の原始社会の人間の暮らしを想像してみましょう。人間は長い歴史の中で、この地球システムから生み出される様々な自然の資源の中から、食べるものや着るもの、住居に必要なものを取り出し、様々な工夫を加えて暮らしてきました。この、「自然資源を取り出す」という行為をするにあたっては、資源の枯渇や生態系の破壊を回避するために、集落や共同体の中で様々な工夫と方法が考えだされ、人々の間にルールが決められてきました。こうしたルールは、それぞれの地域の自然特性に応じ、自然との関わり方における先人たちの知恵と価値観が基になってつくりだされ、受け継がれてきたものです。

時に自然は、地震や津波、台風、干ばつといった人間の手に負えない猛威をふるって私たちの生活を脅かします。そこで人々は荒ぶる自然の神々の怒りを鎮め、穏やかな気候のめぐりと五穀豊穣、悪病平癒を願って、神や仏に祈りを捧げるようになりました。祀《まつ》りのための様々な表現は、踊りや音楽、絵画などで表され、日本全国の各地域のみならず、世界中の各国各地域でも祀りは執り行われてきました。こうした踊りや音楽、絵画の中から、特に優れたものがさらに表現性を高め、人々に認められる中で次第に芸術として発展してきたわけです。京都市立芸術大学大学院の龍村あや子教授は「地球文明時代の芸術──音楽と〈自然〉と信仰の問題を考える」＊5の中で、人間になぜ芸術があるのか、という問いに対して、「人間と〈自然〉、そして『無限の宇宙』あるいは『人知を超えた超越的なもの』と名づけられるような何ものかとの間に生じる、畏怖と敬愛と、そして存在の不安から生じている」と答えておられます。私たちが優れた音楽や絵画に触れたとき、魂が揺り動かされる思いがしたり心が安らいだり、時に元気をもらうことができるのも、優れたアーティストたちが、かつて祀りの行為の中で人間が自然との交信を行う中で見出したと同じ境地を感じ取り、今日的な方法で表現しているからにほかなりません。あらゆる芸術は自然との交信や人間の心の真髄を表しているものだといえます。

また人々は、衣食住の暮らしの中にも、自然界にある色や形を写し取り、器や衣類に文様を

図3　世界人口の地域別推移と見通し

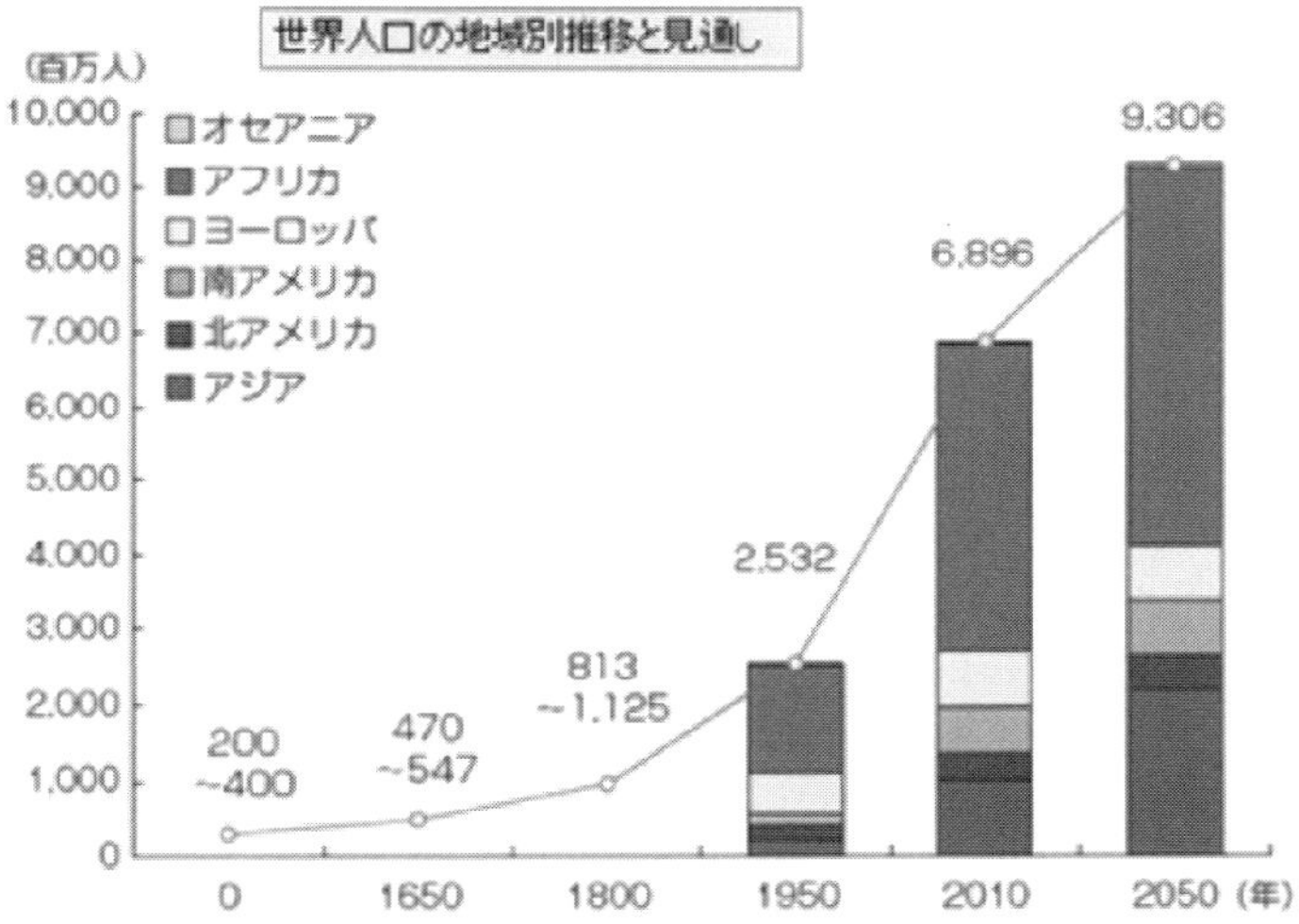

エネルギー白書2011より
(出所) United Nations, World Population Prospects, The 2010 Revisionをもとに作成

入れたり、家具や建物などに装飾をほどこしてきました。衣食住に必要なあらゆるものは自然界から頂戴したものですので、太陽や月、花や鳥といったモチーフを取り入れて、自然への感謝や家族の幸せを表してきました。自然界にある様々な色合いは多様で美しく、文様は無限の形を創り出して人々の暮らしに彩りを加え、日常生活を美しく楽しいものにしてきました。このような無心の心から生み出される生活の道具類に「純日本の美」を見出したのが民藝運動を起こした柳宗悦でした[*6]。これらの中から優れた技術や感性を持つものが現れ、工芸職人として専門性を高めていったのです。

　こうした、人間の歴史の中で蓄積され、継承されてきた知恵や工夫、方法、慣習や価値観、思想、芸術の総体を「文化」

と呼びます。すなわち文化とは、人間が生きる上で自然との関係をバランスよくとり、周りの人々とも協力しながら、生きがいを持って楽しく生きられる知恵と工夫の総体であると考えるのです。

しかしながら、図3に見られるように、紀元の初めころには二～四億人程度だった人口は、今や七〇億人に膨れ上がってしまいました。人口の増加に伴って、各地域ごとの共同のしくみの中で執り行われてきた衣食住の営みは分業とネットワークによる市場システムへと移行していきました。顔の見える物々交換のしくみから貨幣を通じた交換のしくみに変わり、あらゆる価値は貨幣によって計られるようになっていったのです。資本主義社会になり、経済発展による分配の仕組みが拡大していく中で、人間と自然との関係がかい離し、技術と経済の力によって人間に必要なあらゆるものを自由に手に入れることができると過信するようになってきました。こうして「文化」の本来の意味と役割を見失ってきたのです。今日、環境問題ばかりでなく、福祉や教育といった様々な社会問題を引き起こしてきている根本的な原因はこの「文化」の喪失にあると考えます。

しかし、この人口増加の現状と将来予測を見ても明らかなように、我々人類はますますエネルギーと資源を必要としています。現状でも地球システムの限界を超えているのに、この先の未来を考えたとき、技術と経済の力だけでこの問題を解決していけるとはとても思えません。人間が生きる基本を見つめなおす意味においても、環境と文化の関係を取り戻していくことが求められていると思います。

＊１『エネルギー白書２０１１』第2章「国策エネルギー市場を巡る近年の潮流」より
＊２「人間開発報告書」（ＵＮＤＰ国連開発計画）、二〇〇七／二〇〇八年、七〇頁。
＊３ＷＷＦ世界自然保護基金「LIVING PLANET REPORT 2008」、一四頁。
＊４地球システムの構成要素については、松井孝典『われわれはどこへ行くのか?』、二〇〇七年、二七～四一頁に詳しい。
＊５龍村あや子「地球文明時代の芸術」梅棹忠夫監修『地球時代の文明学』二〇〇八年、一四三～一四五頁。
＊６水尾比呂志『評伝柳宗悦』、一九九二年、一二九～一三八頁。

2　地域環境政策から考える未来社会づくり

では、未来社会づくりのためにどのように文化を生かしていくのでしょうか。文化が大切なことは何となくわかっても、具体的にどうしていけばいいのかとなると文化の概念が広すぎることもあって見当がつきにくいものです。文化が大事だからと言って音楽鑑賞や美術鑑賞に熱心になればいいということでしょうか。それだけでは今日の環境問題や発展格差の問題を解決できそうにはありません。

ここで地域の身近な環境問題を取り上げながら、文化の役割を考えていくことにしましょう。

＊日本の環境問題における特徴としての都市と農村の格差

事例の考察に入る前に、日本における環境問題の特徴を述べておきたいと思います。環境問題として取り上げられるものは大きくは次の二つがあります。ひとつは、都市開発や道路建設、工場建設などによる環境の破壊、資源の枯渇といったオーバーユーズによる環境破壊。二つ目は、化石エネルギーの使用による二酸化炭素の増加や水・大気・土壌の汚染といった環境負荷の増大です。これらの環境問題は世界各国でも共通して起こってきている事象です。しかし、日本ではこれらに加え新たな環境問題が起こってきています。それは、農村地域における過疎化の問題です。これは、行き過ぎた経済市場主義により「ヒト・モノ・カネ」が都市へ集中したことにより、農村地域の人口減少と高齢化が進展し、耕作地の放棄、森林荒廃、有害鳥獣被害の増大、生物多様性の崩壊といった問題が負の循環として起こってきているのです。

平成二二年度国勢調査の「都道府県・市町村別人口増減率」によると、いわゆる「太平洋ベルト地帯」といわれる工業化、都市化が発展した所は平成一七年から二二年の五年間で一〇〜二〇％以上の増加、そこから離れた中山間部は逆に一〇〜二〇％以上の減少となっています*1。こうした状況は日本のほとんどの都道府県でも起こっており、京都府内においても図4のように京都府北部地域で過疎化が進み、南部の都市域では人口増加が進んできています*2。

ひとつの例として、人口減少の著しい京都府北部の宮津市と南部の長岡京市を比べてみましょう。宮津市では一九四七年から二〇一〇年までの約六〇年間に人口は三万六三三〇人から一万九九四八人へと四五％減少し、農家人口は二〇〇〇年から二〇一〇年の間に四二三八人から一六三八人と、わずか一〇年間で六一％減少し、市内総生産は一九九六年から二〇〇九年の一三年間に八九二億三〇〇〇万円から六九一億六〇〇〇万円へと二六％の減少となりました。一方

図４　京都府市町村別人口増減率（平成17～22年）

資料：総務省統計局（国勢調査）

で長岡京市では、一九四七年から二〇一一年の約六〇年間に一万三〇三人から七万九七四三人へと約七・七倍に増え、農家人口は二〇〇〇年から二〇一〇年の一〇年間で約五〇％減少しましたが、市内総生産は一九九六年から二〇〇九年の一三年間に二六二二億三一〇〇万円から三一〇六億七五〇〇万円と一八％増加しました＊3。宮津市においては過疎化が進展し、農林業の衰退に代わる産業が成長しなかったことにより市内総生産が減少しました。一方、長岡京市では、京都市と大阪市の中間にあるという交通利便性から人口が増加し、さらに良質の水資源を活用する工場の進出が進んだことなどから市内総生産が増加しました。

このような農村地域における過疎化と都市における人口増加が、地域の環境にどのような問題を引き起こしているのか、その対策として地元自治体や企業、ＮＰＯ等の市民団体＊4、地域住民がどのように対処しているのかをみていきましょう。この事例分析におけるポイントとしては、環境問題の解決は、条例による規制や技術を用いた改善、土木的な開発だけで持続的な環境づくりができるかどうか、というところにあります。

＊長岡京市における西山の自然と地下水を守る取組

はじめに、人口増加によって発展してきた長岡京市の地下水保全の取組事例から見ていきましょう。長岡京市は、京都市と大阪を結ぶ中間地点にあり、いわゆるベッドタウンとして住宅開発が進み、一九七〇年代から急速に人口が増加しました（図5）。さらに、この地域には、もともと、豊富で水質の良い地下水があったため、飲料メーカーや精密機器などの工場が多く進出してきました。その結果、図6にあるように、事業所による地下水のくみ上げと家庭で使われる水道事業による地下水のくみ上げが、適正揚水量を超えて使用されてきたため、地盤沈下と水質の悪化が問題となってきました。このため、二〇〇〇年からは、京都府の中部地域に位置する「日吉ダム」から府営水の供給を受けるようになりました。これによりダムからの水との混合により供給されるようになり、地下水枯渇問題はひとまず解消されました。

この府営水の導入に向けては、財団法人水資源活用基金（以下「水基金」という。）が大きな役割を果たしました。基金は一九八二年、地下水を利用する地元企業を中心に、地下水源の保全、涵養、水の適正な利用を推進するために設立されました＊5。具体的な事業としては、「長岡京市地下水採取の適正化に関する条例」に定める地下水を採取する事業者を対象として、将来の水資源対策のために汲み上げ量に応じて負担金を積み立てる制度を設けています。現在は長岡京市内の二四の企業が参画し、地下水取水量に応じた負担金を拠出しています。この水基金を財源として地下水調査や地下水保全事業のほか、地域で活動するＮＰＯ等の水源涵養事業や子どもたちの環境学習への支援などが実施されてきているのです。

中でも特徴的であるのは、長岡京市内にビール工場を、隣の大山崎町にウイスキー工場を持つ全国的な飲料メーカーであるサントリー株式会社の取組です。サントリーでは、「水と生きる」を基本理念に、「自然との共生への思い」、「社会との共生への思い」、「社員への思い」を企業活動の主軸において企業活動が全国各地で展開されています。具体的な実践として、「水

図５　長岡京市の給水人口の推移

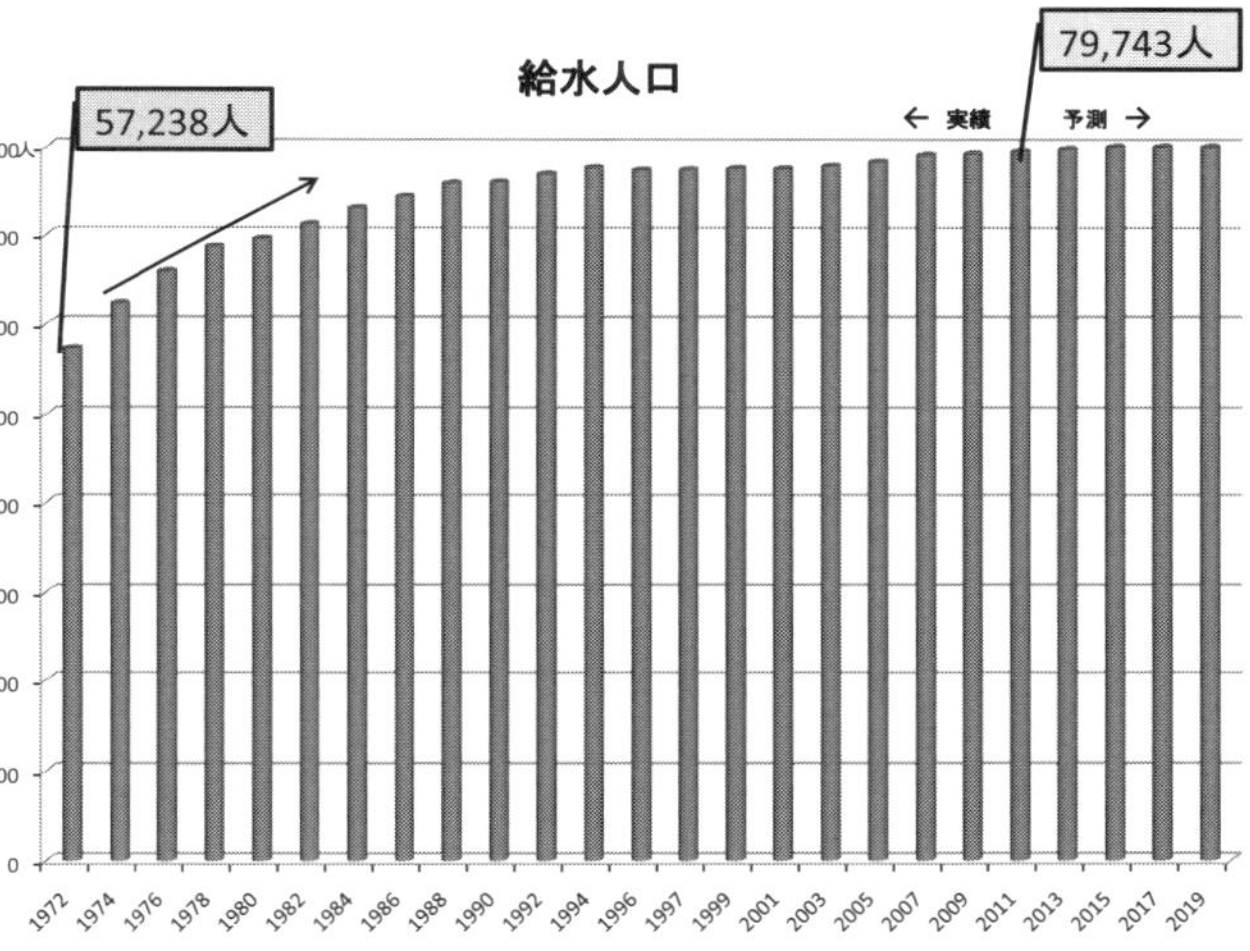

図６　地下水汲み上げ量の推移（１日平均）

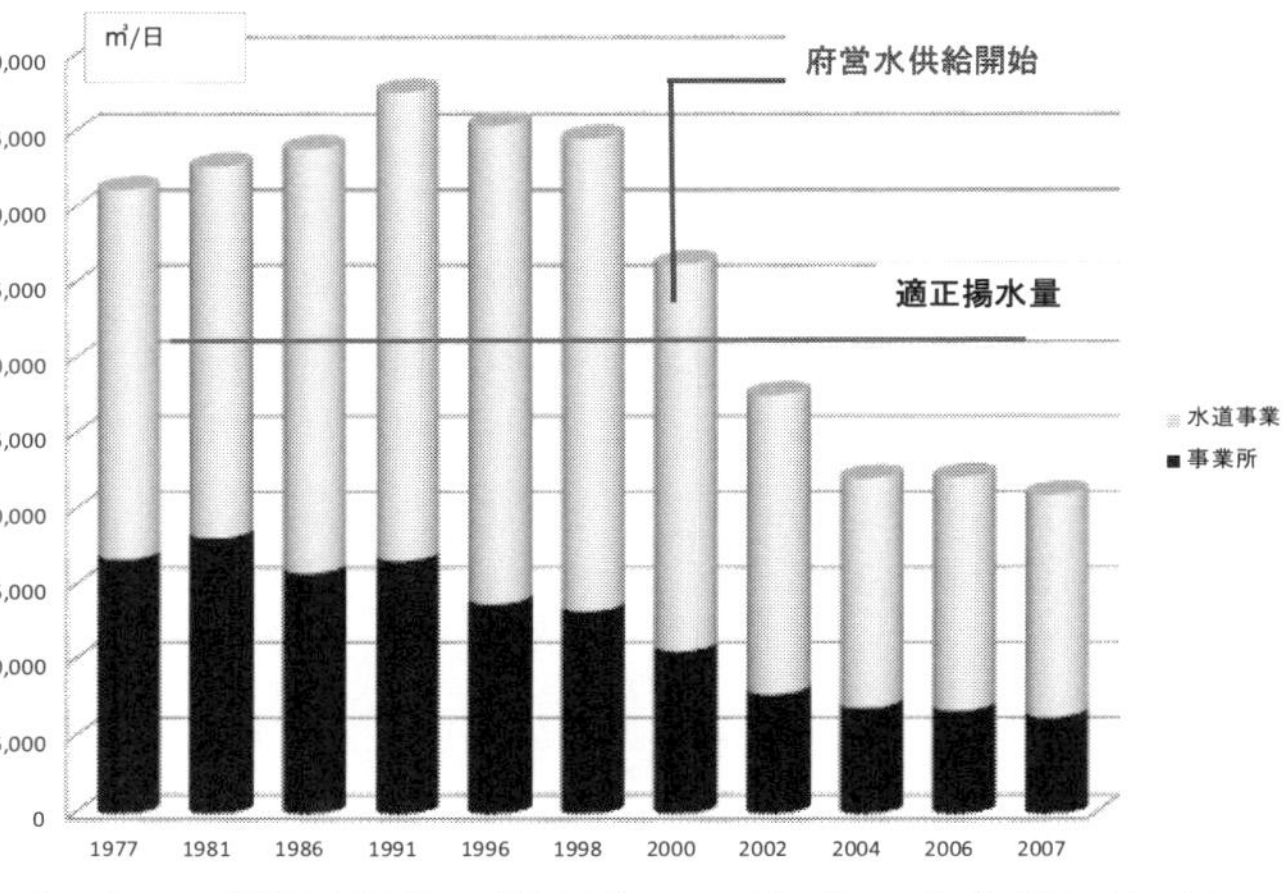

（ともに「長岡京市水道ビジョン2009年」を参考に作成）

「水の品質保証」、「製造工程での節水」、「森林保全による水源涵養」の三つが中心的に進められています*5。水資源は、ビールやウイスキーなどの製品づくりに欠かせない原材料であり、水源涵養活動はサントリーの生産活動を持続的なものにしていく上では不可欠な活動です。

それればかりでなく、水資源は地域住民の暮らしにとっても欠かせないものですので、この水資源の枯渇や水質悪化は地域全体に関わる問題となってしまいます。そこでサントリーでは、森林活動の場を「天然水の森」と名付け、全国各地の生産拠点を中心一三都道府県一七箇所において、水源地に当たる森林の保全活動を実施しており、それぞれの地域ごとに、森林の所有者等に応じた協働関係が構築されています。

中でも、長岡京市周辺の西山・天王山は、工場周辺の自然環境が竹林放置などにより急速に変化するとともに、人口増加、工場の増加に伴い地下水が枯渇してきたということもあり、早急な対策が求められていました。しかしながら、三五〇名を超える土地所有者との調整や地域住民や市民活動団体との信頼関係を構築しながらどのように協働の取組を進めるかが課題となっていました。

また、長岡京市の地域住民を中心に、西山の間伐や下草刈りといった森林整備を行う市民団体や、竹林整備を行う団体も多くありましたが、これらの団体は通常は個々に活動することが多く、連携を取るといったことはありませんでした。西山全体をどのように整備していくのか、整備の方法や整備するエリア、間伐材の活用、竹炭づくりのノウハウなど、情報を共有し合うことでより効率的、効果的に森林整備が進むと思われましたが、個々の団体が連携し合う方法がありませんでした。

こうした中で京都府などが中心となって、土地所有者、地域住民、企業、ＮＰＯ等市民団体、学識者、地元市町等による「西山森林整備推進協議会」を発足させることになりました。この「協議会」というしくみは、個々の団体の主体性を失わずに、共通の目標を持つ多様な主体が同じテーブルに着くという、いわゆるプラットフォームの役割を果たしました。これまではそれぞれの思いや活動の方法で進めてこられた取組が、互いの顔が見えるようになり、情報や方法を共有することができるようになりました。森林整備や森林生態系の専門家によるアドバイスも受けられるようになり、個々の活動全体が緩やかに連携することにより、活動が点から面へと広がりを持つようになりました。こうした市民団体の活動をさらに後押ししたのが、京都府の地域力再生交付金という補助事業でした。この補助事業を活用して、森林整備に必要な道具や資材を調達したり、セミナーや子ども向けの体験活動なども実施できるようになりました。中には整備された竹林の中でコンサートを行う団体もありました。

また、長岡京市の水基金を活用して、小学校の校庭に井戸を掘るという取組も進められています。この取組には小学校の先生と生徒だけでなく、地域住民も一緒に関わりました。身近なところで井戸水が湧くというのは、子どもたちにとって、とても貴重な経験になります。この水を使って学級農園の水やりをしたり、ビオトープを作って自然観察の場としています。また、万一の災害の際には、貴重な水供給の場としても活用できるでしょう。自然のありがたみを実感できる場となることには間違いありません。

サントリーも西山森林整備推進協議会の設立に大きく貢献しました。西山に連続する天王山でも同様の協議会が設立され、その両方に協力をしています。積極的に社員のボランティア活動を支援し、森林保全活動への社員参加については、年一～二回「ボランティアの日」を設け参加を呼びかけるとともに、参加した社員の感想なども情報発信しています。参加者した従業員からは「楽しかった、達成感があった」といった感想が寄せられ、さらに自主的な市民活動への参加につながっています。私もこの竹林ボランティアの作業に数回参加しましたが、いつも一〇〇名近い参加者があり、サントリーの社員と地域住民が一緒に作業をするということで一体感が感じられ、なかなかいいものです。地元にある企業が積極的に環境活動に取組み、高品質のビールやウイスキーを生産しているということが市民の誇りに感じられるのです。地元住民が従業員である場合も当然ありますので、子どもの友だちの親御さんがサントリーに勤めておられるということもありました。

顔が見える関係の中で、企業に対する信頼は地域社会のレベルから個人の関係にも及び、良好な信頼関係を築いていきます。個人間の信頼関係は地域全体への信頼関係へと広がっていきます。企業の活動は、ただ生産性を向上させて地域経済を豊かにするためだけにあるのではないということがよくわかります。もし企業活動が地域の環境に負荷を与え、水質の悪化や水資源の枯渇をもたらす存在であったとしたらいかがでしょう。信頼関係など築きようもなく、環境と社会の両面から負の連鎖が始まることでしょう。

長岡京市の企業には、この他に良質な水を必要とする電子機器メーカや製紙メーカー、良質な筍を原材料としてつくだ煮や漬物を製造する企業などがあります。水という資源を活用した地場の産業が集積しており、事業活動の継続のためにも地下水の保全は欠かせないものとなっています。

このように、企業とその従業員、地元住民、地域の市民活動団体等々の協働の取組を通じて、「地域の自然環境を守っていこう」とする意識が共有され、共に森林整備作業をすることで徐々に互いへの理解が進み、交流から意識の共有へ、さらに信頼と互助の関係とへ発展していきます。この意識醸成のプロセスを通じて、地域住民は自らの暮らし方を見直すきっかけを得るとともに、企業と地域住民が理解しあえる関係が築かれていきます。企業の側では環境意識の向上が一層進み、作業工程における新たな工夫や技術開発などのイノベーションにつながっています*7。工場からのごみの排出をなくするゼロエミッション活動や汚泥のたい肥化なども その一つです。西山という地域の自然を中心に、企業と住民が協働し「水」を中心とした地域固有の文化が創造されているのです。

また、企業と地域住民やＮＰＯが協働して森林整備を進める取り組みは、京都府全域に広がってきており、活動を推進する組織である「公益社団法人京都モデルフォレスト協会」には、三九一（平成二四年一一月一三日現在）の企業と団体が加盟し、京都府内の二八か所で活動が行われています。京都府は、企業や地域住民が参加しやすい仕組みづくりとして「京都モデルフォレスト協会」を立ち上げ、この組織に対し人的、資金的な支援をしています。つまり、行政がリードしたり規制をかけたりするのではなく、企業や地域住民の活動を背面から支援する形を取っているのです。モデルフォレスト運動による森林整備面積は、京都府全体の森林面積からすればわずかなものです。このような支援のあり方は、森林整備面積という量的効果ではなく、地域文化と企業文化の創造に役立っていると考えます。

次に市民の環境意識についてみてみましょう。

日吉ダムからの水が安定供給されるようになり、自分たちの暮らしを支えている地下水に対する意識が薄れてきていることも事実です。図7に示すように、二〇〇七年時点での長岡京市の水供給量は、一日当たり約三万立方メートルで、そのうちの約半分の量が地下水で賄われています。日吉ダムからの府営水の供給が始まる前は、地下水一〇〇%の水で大

図7 長岡京市・給水量とその水源の推移
(「長岡京市水道ビジョン2009年」を参考に作成)

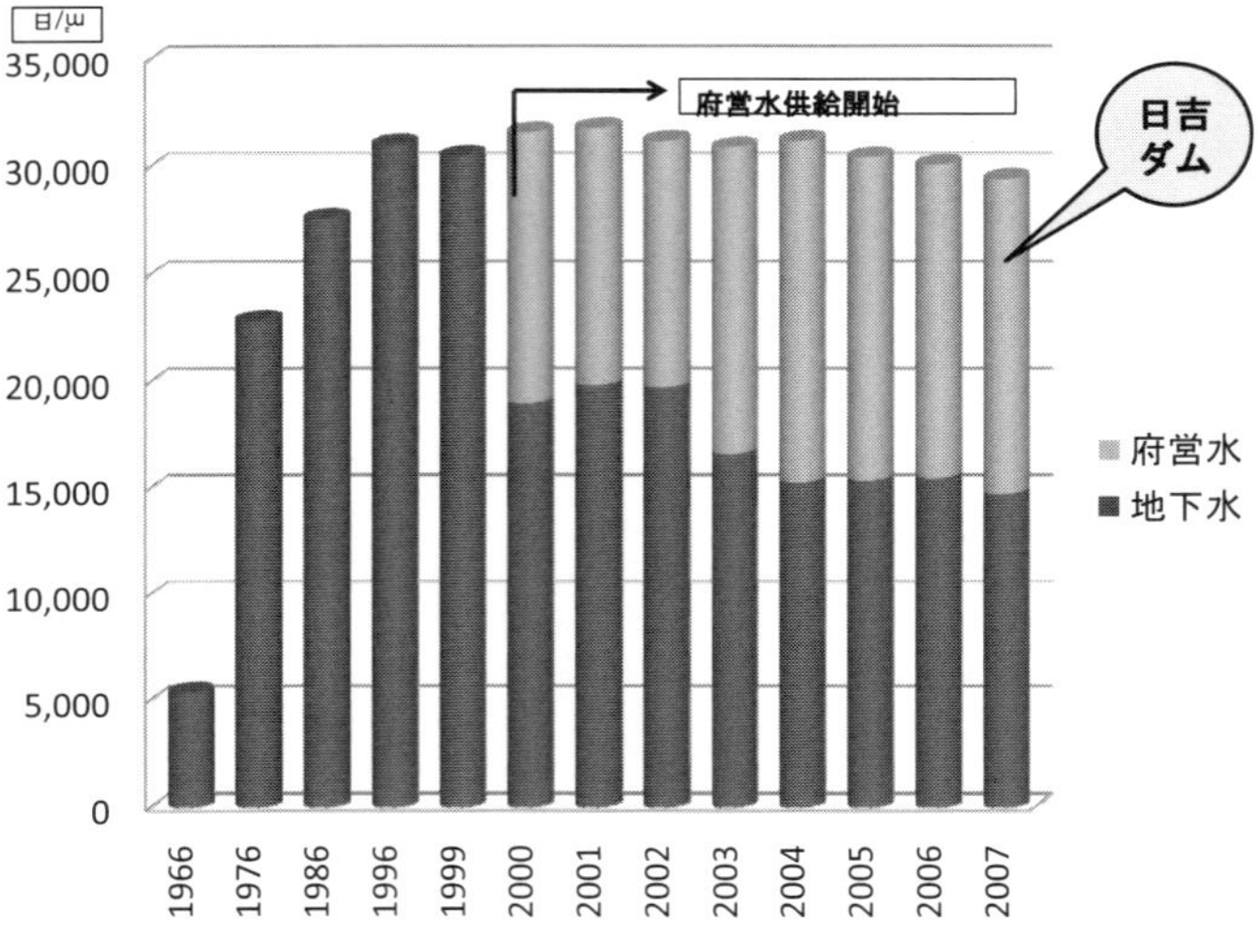

変おいしく、夏は冷たく冬は温かく市民にとっては自慢の水だったと言われています。それが半分になったとはいえ、京都市という大都市に近く利便性の高い地域にもかかわらず、豊富な地下水を利用できるということは大変ありがたいことです。

こうした環境にあることから、長岡京市民の環境意識は大変高くなっています。長岡京市では二〇一一年から二〇一二年にかけて、環境基本計画の改定作業が進められており、その一環として「長岡京市の環境づくりのための意識調査」＊8が行われました。表1にあるように、「地下水の水質保全」の割合が最も高くなっており、調査対象者の二二・九％が上げているなど、水環境への意識の高さがうかがえます。また表2にあるように、環境ボランティア活動について尋ねた項目では、特に森林保全や河川などの自然環境の回復について「やりたいがやっていない」という人が六〇％を超えているなど、ボランティア活動のポテンシャルの高さがうかがえます。そのほかの項目についても、環境ボランティア活動を行っていたり、行いたいという関心を持っている人の割合は六〇％～七〇％と大変高くなっています。他地域における同様の環境意識調査との比較はできないものの、身近に西山を仰ぎ見、日

表1　市民生活による環境負荷軽減として取組むべきこと

公害防止対策	13.4%
河川浄化対策	10.5%
地下水の水質保全	22.9%
下水道の整備	3.6%
廃棄物の発生抑制	8.3%
リサイクルの促進	14.7%
廃棄物の処理	3 %
不法投棄対策	11.1%
節水・雨水利用促進	7.9%
その他	1.1%
不明・無回答	3.5%

表２「自然環境の保全」に関わる行動（%）

	①	②	③	④	⑤	⑥
西山・森林保全	20.8	69.5	2.1	3.8	2.2	1.6
社寺林の維持・管理	35.2	58.1	1.3	2.0	1.1	2.3
自然体験への参加	31.7	57.7	4.5	3.6	0.8	1.7
動植物の保護・育成	23.1	57.6	3.1	8.3	5.5	2.5
環境モニタリング調査	43.6	51.5	0.8	1.3	0.3	2.5
自然環境回復運動	23.9	66.0	1.6	4.6	1.4	2.5
環境保全への寄付	29.1	58.6	3.5	6.3	2.0	2.5

回答は、①「やるつもりはない」②「やりたいがやっていない」
③「以前はやっていた」④「時々やっている」
⑤「やっている」⑥「不明・無回答」

常的に地下水を使う中でこうした環境意識が醸成されてきたのではないかと考えます。

以上見てきたように、人口増加が急激に進んだ中で起こってきた地下水の枯渇問題は、日吉ダムという土木的開発事業によって危機的な状況を脱することができましたが、市民生活と事業活動の半分を賄っている貴重な地下水を保全し、活用し続ける取組として、多様な主体が連携し合う仕組みができたことは、地域環境政策として大変重要であったと言えます。

市民意識調査では、長岡京市の自然のイメージを作っているものとして、約四割の人が「西山のまとまった森林環境」を挙げています。この西山周辺からもたらされるおいしい水が長岡京市民の誇りでもあります。地下水枯渇という危機を乗り越えるために、企業と市民団体が立ち上がり、長岡京市と京都府がこれを支援する体制を作りました。持続的な環境の取組を進める上では、こうした企業を含む市民活動をいかに連携させ地域社会の仕組みに組み込んでいくかが重要であると言えます。決して行政が強い強制力で行わせたものではありません。それぞれの主体の独自性と主体性を尊重しながら、個々の主体ではできない部分を、人的、資金的、組織などの面から、行政が補ったり支援したりしていくことが重要だと言えます。

地域環境政策におけるガバナンスは、このようにして市民の思いをつなぐ仕組みづくりによって形成されています。また、長岡京市における地域環境づくりは、西山と地下水という自然とそれを守ろうとする人々の思いと行動によって進められていると言えるでしょう。このしくみづくりで最も重要なポイントは、森林作業において西山という自然や、井戸掘りによって地下水に触れるという行為を組み込んでいることです。「自然」は個人所有のものではなく、「公共圏」として誰でもが自由に関われる領域でなければなりません。人口増加によって都市化が進んでいるとはいえ、このようにして西山の森林と地下水が、長岡京市の特徴的な固有の文化を形成しているのです。

今どきの学生①

長岡京市環境基本計画見直しへの提案

平成二三年度、京都府立大学公共政策学部公共政策学科三回生の専門演習Ⅰ（奥谷ゼミ）として、長岡京市環境基本計画の改定に関する調査研究を行いました。長岡京市生活環境審議会の委員に私が委嘱され、審議会から学生の提案をするよう依頼され調査を行ったものです。

調査研究にあたっては、長岡京市役所の各担当部署をはじめ、ＮＰＯ団体、学校、企業等一〇ヵ所に調査に出向き、現地視察やヒアリングを行いました。この場をお借りして厚くお礼申し上げます。

学生たち六名にとっては見聞きするものが全て新鮮であり、それぞれが、現場で活動されている人たちの熱い思いとご苦労を知り、大いに刺激を受けたようでした。また、長岡京市民の環境意識の高さや積極的な環境活動が行われている様子に、素直に驚き感心していました。

これらの調査研究の結果から「長岡京市環境基本計画見直しに向けての提案」をまとめ、平成二三年度の長岡京市生活環境審議会に提出しました。提案としては未熟なところもありますが、長岡京市の住民ではない若者の視点で、見聞きしてきたことを基に率直な意見が述べられていますので、ここに紹介したいと思います。

「長岡京市の環境基本計画見直しへの提案」

これまでの体験や経験を踏まえて、私たち学生の視点から、次の環境基本計画に必要と思われるポイントを提案する。大きなポイントとして、「幅広い環境学習の推進」、「環境活動サポートセンター（仮称）の設立」、「歴史と環境政策の統合」、「市民と共に見直す環境基本計画」の四つがある。無論、環境基本計画の改定の骨子としては、これだけではないだろうと考えるが、学生の視点から見て、特に大事であると考えた点だけに絞り込んだ。

この提案を参考にしていただき、自分たちの町にふさわしい環境基本計画づくりに向け、さらに市民の皆さんが話し合いを深めていただければ幸いである。

（ア）幅広い環境学習の推進

現在、世界各地でさまざまな環境問題が発生している。それらに国境はなく、いくつもの要因が互いに作用しあって起こっている。そのため、地球全体の仕組みのなかでその原因と影響をとらえていくことが、解決の第一歩となる。そして、具体的な問題が発生するのは、自分たちの地域であるので、市民一人ひとりが環境に関する知識を身につけることが大切である。そこで、環境について学ぶ機会を、様々な形で設ける必要がある。

子どもに対しては、実地体験を重視した取組を行う。たとえば、西山の森林での間伐体験や、井戸掘り体験などがある。実際に目で見て、手で触れてみることで、教室の授業だけでは得られない感動を得ることができるだろう。そして将来、環境のための行動を日常的にできる長岡京市民を育てることを目指す。

大人への環境学習は、イベントや市民講座、体験活動など様々な機会を設け、より積極的に開催することによって行う。また、子どもが環境についての知識を深めることが大人も環境に関心を持つきっかけになるだろう。

市の職員に対しても、環境学習が必要である。市の職員は、どんな部署の業務においても、環境への配慮が欠かせない。また、職員から積極的な環境保護活動を行うことで市民の見本にもなれる。具体的には市役所内部での研修会を開催することが望ましい。

(イ) 環境活動サポートセンター(仮称)の設立

長岡京市民は、環境に対して高い関心を持っていて、主体的にさまざまな活動を行っている。しかし、既存のＮＰＯ同士はほとんど交流がなく、活動内容が重複していることもある。また、現在の市民活動サポートセンターのサービスは、環境に特化したものではなく、また、新しく活動を始めたいと考えている個人へのサポートが弱い。そこで環境活動を行うＮＰＯ専門の「環境サポートセンター(仮称)」(以下「環境サポセン」

という）を創設することが必要と考える。

環境サポセンは、まず、NPO同士をつなげる役割を担う。環境サポセンが各NPOの中心となることで、NPO同士の交流会などの実現につなげる。さらに、新しく活動をはじめたい人にも、わかりやすい情報を提供する。たとえば、現在活動しているNPOの情報を長岡京市の地図上に一覧にし、一目見れば、どこでどのような活動がされているか、誰でもわかりやすいようにする。また、環境活動には専門知識が必要になることも多い。環境サポセンがNPOと専門家をつなぐことで、NPOが正しい知識を身につけ、よりよい活動を行えるようにする。

環境基本計画の中にも環境サポセンの役割や位置づけについて明記する。さらに環境基本計画の実施計画策定においても、NPOが担うべき役割を割り振る中心としての役割を果たすことが期待される。

(ウ)　歴史と環境政策の統合

「環境」というと、「緑」、「自然」といった言葉しか浮かばないものであるが、古代からの歴史と文化、景観もまた長岡京市が誇るべき環境であるといえよう。神足ふれあい町家のように町家の良さをそのまま生かして、畳や庭といった日本の文化を身近に感じながら、新たな集いの場として再活用していく知恵と工夫が、歴史的遺産と文化を次代に引き継いでいく上で大切といえる。

また、第二外環道路の建設のように、地域の景観が大きく変わっていく中で、次の世代に引き継いでいきたい景観について市民みんなで話し合い、残していく方法を検討していくことも今しかできないことだと言えよう。

第二、第三のふれあい町家のような歴史的な古い建物を活用して、環境や社会との活動の場ができ、再生と次代へ引き継ぐ仕組みが構築されるような政策に取り組んでいくことによって、古の人々の文化を引き継いだ長岡京市ならではの環境形成に役立つものになっていくといえよう。

文化と環境は共存していくものであり、歴史的建物や環境も、一度壊してしまうと元には戻らない重要なものであるとの認識を市民で共有し、一体的な保護・保全・継承に取り組んでいくことを提案する。

(エ) 市民と共に見直す環境基本計画

前回の環境基本計画は、市民の意見を積極的に取り入れた点では評価できる。しかし策定の段階で市民に頼り過ぎたことで、実行可能性の低い計画となってしまった。また各プロジェクトを行う実施主体やそれぞれの優先順位が不明確であった。そこで今回の見直しにあたっては、これらの課題を克服し、より充実した計画とするべきである。

策定のプロセスについては、様々な主体が協働して、実現可能性の高い計画を考案する。具体的には、市役所がコーディネーターのような役割を担い、そこに、市民や専門家などが参加する。そのために、多くの人が参加できるワークショップを開催し、自由な意見を出し合って議論を深める。これによって、市民や専門家の意見を取り入れながら、市民の環境意識の醸成を図ることができる。こうしたプロセスを経ることによってこれまでより実行可能性の高い計画とすることが可能となる。

計画の内容については大幅に見直し、具体的なプロジェクトをメインにするのではなく、重点的に行うべき政策を明記する。長岡京市がこれから目指す環境についての大きな方法を定めるべきである。また、役割分担についても示しておく必要がある。たとえば環境学習においては、行政は学校での環境学習のカリキュラムや制度づくりを担う。NPOは学校での出前教室や体験学習の手伝いなど、学校と協力して行う。また事業者は、自分たちの企業活動を活かした出前教室や環境活動に取り組む。このような分担を基本計画に盛り込んでおく。

そして、さらに具体的なプロジェクトと役割分担については、同時に作成する実施計画に記載する。この実施計画には、数値目標やプロジェクトの期限や期間も定めておくべきと考える。

二〇一二年二月　京都府立大学公共政策学部　公共政策学科三回生　奥谷ゼミ

仮屋芙由実、渋谷亮平、髙橋佑昂、仲知理、中村千鶴、藤田翔平

＊1 二〇〇七年国勢調査。都道府県、市区町村別人口増減率、平成一七年〜二二年。
＊2 総務省統計局、京都府市町村別五年間の人口増減。平成一二年〜一七年。
＊3 京都府統計書・宮津市統計書・長岡京市統計書・京都府市町村民経済計算書より。
＊4 本書において「ＮＰＯ」と表記する場合は、法人格を有するか否かに関わらず、一般に市民活動を行う市民団体を表す。
＊5 財団法人長岡京市水資源対策基金ホームページ。
http://www.kyoto-wave.or.jp/nagaokakyo_mizushigen/index.html
＊6 サントリーホールディングス㈱『サントリーグループＣＳＲレポート二〇一〇』。
＊7 奥谷三穂「地域環境創造における社会関係資本と文化資本の機能に関する研究」、京都橘大学大学院文化政策学研究科博士論文、二〇〇八年、六四〜六六頁。
＊8 「長岡京市の環境づくりのための市民意識調査　平成二三年一〇月」無作為抽出の市民二〇〇〇名を対象に二〇一一年八月〜九月に実施。有効回答率四七・六％。表は報告書を基に簡略化して作成。

＊宮津市上世屋における棚田の自然と文化を守る取組

次に、京都府内でも過疎化の進展が著しい宮津市の世屋地区の事例を取り上げます。この章のはじめの方で紹介したように、宮津市では一九四七年から二〇一〇年までの約六〇年間に人口は三万六三三〇人から一万九九四八人へと四五％も減少しました。この地域の主要産業としては、国の特別名勝に指定され日本三景のひとつである「天橋立《あまのはしだて》」を中心とした観光産業と、宮津湾に面した海洋センターや漁業関連施設、豊かな海産物を活用した産業振興などです。風光明媚な海辺の自然と食を生かした観光振興が進められており、人口約二万人の市に年間約二六七万人の観光客が訪れています。しかし、若者を引き止める力にはなっていません。

宮津市の中でも特に過疎化が著しい世屋地区では、最も人口が多かった一九三〇年には一三五七人でしたが、二〇一〇年には一二五人と一割以下に減ってしまいました。地区全体の六五歳以上の高齢者は七七人で、高齢化率は六五％と大変高くなっています＊1。世屋地区には五つの地区がありますが、最も奥の木子《きご》地区には九世帯一五人が暮らしているものの、元々の住民は町に出てしまい、新しい住民ばかりとなっています。この木子と松尾、上世屋の三地区は、丹後半島の東側、海抜約四五〇メートルの世屋高原にあり、その位置と地形から京都府内でも最も積雪の多い地域として、毎年、新聞報道される地区でもあります。

ここ数年は、三メートル近い積雪があり、私も学生を連れて雪かきボランティアに行きましたが、雪の中に家々と道路が埋まり、「かんじき」を履かないと歩けないほどでした。過疎と高齢化が著しく、お年寄りばかりになっているのです。雪に埋もれてお買い物にも行けない暮らしはさぞかし大変だろうと思いましたが、お年寄りたちは、雪が降る前に収穫してあった大根や白菜、ジャガイモなどの野菜や漬物の他、凍らせておいたお餅を焼いて、味噌としょうゆの味付けで食べておられ、それが「当たり前の暮らし」として受け入れておられました。雪の上を歩く「かんじき」もそうですが、そこには、厳しい自然の中で生きる人々の知恵と工夫が生かされていました。しかし、過疎化と高齢化の状況はますます深刻なものとなってきています。

こうした過疎地域における原因と課題を整理しますと、まず、戦後の経済発展政策によって、若者たちが都会へと出てしまい、人口流出によって耕作放棄や森林荒廃が進みました。特に林業においては、安い海外からの木材が輸入されるようになったことなどから、林業が産業として成り立ちにくくなりました。次に、山の荒廃によってサル・シカ・イノシシといった有害な鳥獣が里に近づき、農産物に被害を及ぼすようになりました。さらに、地盤の力と保水力が弱くなり、土砂災害が起こりやすくなってきます。人々が住まなくなった集落は共同体としての存続が危うくなり、五穀豊穣を祈る祭りや伝統的な歌や踊りが途絶えてしまいました。わらじや竹かごなど自然素材を使った道具づくりや季節の山野草を使った保存食づくりなど、地域文化の断絶が起こってきているのです。

そして、高齢者が孤立し、医療や福祉の問題が深刻になりました。子どもがいなくなることで学校は閉校となり、地域に教育の場がなくなるなど、福祉や教育面での影響も出てきます。このように過疎地域においては、人口流失、産業の衰退と高齢化が同時に進行し、環境と福祉と文化の問題が相互に関連しながら負の連鎖を起こしているのです。ですから、例えば高齢者のための福祉対策を充実させたとしても、この地域全体の根本的な解決には結びついていかないのです。

一方で、都市においては、暮らしは快適で便利になってきましたが、電気やガソリンなど化石エネルギーを多く使う社会・経済システムができてしまったため、CO_2の増加による温暖化の問題や、原子力発電の利用などエネルギー問題が起こってきました。また、アメリカ型の生活への志向から、衣食住や街並みにおいても日本文化が失われてきました。さらに、個人の自由を追求するあまり家庭や地域における相互扶助のしくみが失われ、子どもの虐待や高齢者の孤立化が進んでいます。また、景気の後退により、若年労働者の雇用の環境も決して良くはなく、フリーターなどの不安定な労働者を多く生み出しています。〈都市に出れば何とかなる〉〈幸せな暮らしは都会にしかない〉と若者たちは故郷を捨てて町へと就職先を求めて出ていきますが、若者ばかりでなく中高年者にとっても雇用環境は厳しいものとなっています。かつてのように、あこがれの都会にゆとりの暮らしを期待するのは難しくなっていると言えるのではないでしょうか。

農村地域には豊富な森林資源や耕作可能地があるのに十分に使われず、木材自給率は二七・

八％、食料自給率は四〇％と大変低い状況にあります。人口においても経済指標においても、都市と農村とで大変アンバランスな状況が生まれています。そして、双方とも真に豊かで幸せを感じられる暮らしができているとは言い難い状況にあるのです。

このような状況を生み出した問題の根本には、人々が望んだ経済発展中心の社会像と価値の追求があると考えます。ＧＤＰ（国民総生産）を豊かさの指標とし、アメリカ型の生活志向から大量消費と大量廃棄を繰り返し、共同体としての拘束が強い農村習慣から離脱を望み、個人の自由を追求してきた結果ではないでしょうか。

ちょうど私が生まれた昭和三二年ころは、高度成長の始まりのころで、物心つくとテレビや洗濯機、冷蔵庫などは当たり前にあり、アメリカのドラマやアニメを見て、アメリカ型の暮らしに憧れたものです。お人形遊びの相手は、金髪と青い目のアメリカのお人形でした。親たちは、戦争によって何もかも失ったモノを一度に取り戻そうと、働くことに一生懸命で、子どもの相手などしてくれませんでした。学びも遊びも暮らしも、すべてがアメリカ型をめざし、日本社会のすべての方向性が経済発展優先に向いていました。そうした価値観に裏付けられた様々な政策の勢いの中で、日本の地域の多様な文化が失われてしまったといえます。

話を宮津市の世屋地区に戻しましょう。特に過疎化が著しい宮津市の上世屋地区には、大変美しい棚田の農村景観が残されており、自然の地形ときれいな水を生かした美しい棚田で、今も米作りが行われています（写真１・２）。もっとも、上世屋地区では、三〇年前に比べて、棚田の面積は約二〇ヘクタールから約六ヘクタールと三割程度に減少し＊2、高齢化の進展に

写真１　田植え頃の棚田（宮津市世屋上世屋）

写真２　田植えをする学生たち

より、棚田の継承が問題となってきています。また、この地域の民家は昔から、周辺の山際に自生するチマキザサを使って屋根を葺く「笹葺き」の伝統的な技術がありましたが、この屋根を葺く技術を持った職人さんがいなくなり、その継承が問題となってきています。さらに、この地域には、古くから竹や柿渋を使った篭などの様々な農具、生活用具づくり、稲わらを使ったわら草履、雪靴、藁箒を作る技術をはじめ、京都府の無形民俗文化財の指定を受けている「藤づる」を使って手間をかけて織られた「丹後の藤織り」という技術もあります。また、昭和三〇年ごろまでの日本のほとんどの地域で薪や炭が家庭の燃料として使われていましたが、炊事場の竈や暖を取るための火鉢など、衣食住のすべてにおいて、里山の自然と共にある暮らす暮らし方の知恵と工夫がありました。しかし今は、便利なプラスチック製品や化石燃料に代わってしまい、こうした伝統的な技術や生活文化の伝承も課題となっています＊3。

しかしながら、もともと住んでいた住民は減少したものの、地元企業とＮＰＯとの連携、大学や都市住民との交流により様々な取り組みが進められてきており、徐々に地域が活性化してきています。

宮津市で一八九三年から酢づくりを手がける株式会社飯尾醸造＊4は、農薬に頼った米づくりに疑問を持ち、一九六四年から宮津市内の棚田農家と無農薬米の全量買取栽培の契約を結び、昔ながらの製法によって独特の味わいを持つ純米酢を製造しています。原料となる米は、地形を生かした棚田で、世屋高原一帯から流れ出る自然水を活用し、「丹後こしひかり」というブランドで米の食味ランキング特Ａの評価を受けた全国でもトップレベルの良質米を用いています。さらに、酢の製造にはＪＡＳ規格の五倍の米を用い、自家蔵で酒づくりからはじめ発酵と熟成に手間隙をかけて、一年がかりで製造しています。出来上がった酢には豊富なアミノ酸が含まれており、安全で健康に良い高付加価値商品として様々な雑誌やテレビにも紹介され、インターネットによる販売などで全国にファンが広がっています。宮津市内だけでなく東京などの首都圏にもこの「富士酢」を使ったレストランがいくつかあり、健康志向と食の安全・安心志向の流れに乗って独自のブランドを確立しています。無農薬米の栽培を委託する農家には、通常の卸値の倍近い価格でお米を買い取り、地域の農業を支えるとともに、富士酢米を作ることによって、棚田の自然と景観が保たれているのです。

しかし、農家の後継者不足と高齢化に歯止めがかからないため、二〇〇三年からは、約七反（約七〇アール）を社として自ら栽培し始めるとともに、「ＮＰＯ法人里山ネットワーク世屋」を設立し、地元の人たちや様々な地域づくりを進める団体との連携を図っています。ＮＰＯのメンバーには、一九九四年頃よりこの地域の自然と文化の関わりをランドスケープ・エコロジーの視点から研究を続けてこられた京都大学の深町加津枝先生や環境砂防学が専門の京都府立大学の三好岩生先生などの大学研究者、藤織り保存会や木工工房、自然観察インストラクター、都市住民など様々な分野や立場の人たちが参画し、地元小学校の子どもたちや学生をインターンシップとして受け入れるなどして里山体験や田植え、稲刈り体験イベントなどを実施しています。こうした取組を通じ、世屋の自然の素晴らしさと厳しさを知ってもらうとともに、自然と食との密接な関係や自然とともに生きることの意味を学んでもらう機会となっています。

また、藤織りや笹葺きの技術も、ＮＰＯや大学などとの連携によって受け継がれる仕組みができてきました。藤織りは、京都府丹後郷土資料館に勤務されていた京都府の職員の方がその伝承に危機感を持たれ、二十数年前から地区の方々を講師に藤織りの講習会を開催されてきました。講習会の修了生等とともに「藤織り保存会」を立ち上げられるとともに、自らも定年より少し早く退職されて上世屋地区の古民家に移り住み、廃校になった中学校分校を改修して、今も定期的に藤織り講習会を開催されています。京都府内ばかりでなく、全国から講習会に参加してこられる方もあり、新しい人たちや若い人たちによる伝承の仕組みができました。さらに、「合力《こうりょく》の会」という、昔からこの地域で力を合わせて何かをするという意味の「合力」という名を付けた団体を立ち上げ、休耕田の再生や古民家の改修などにも取り組んでいます。

笹葺きの技術は、地元企業の方と「ＮＰＯ法人美しいふるさとを創る会」、京都の立命館大学＊5が連携し「笹葺パートナーズ」を設立。地元の茅葺職人の方の指導をいただきながら、上世屋集落の中心にある古民家（農林漁業実習体験施設）の屋根を再生させながら受け継ぎました。地元にある体験型宿泊施設「いーポート世屋しおぎり荘」を宿泊拠点として、毎年夏にはこの笹葺き民家を会場に、北海道から沖縄まで全国の大学から過疎地域の再生に取り組む学生たち約一〇〇名が集まり、サミットが開催されています。畑仕事や山仕事、ものづくりなど、過疎地域再生に様々なアイデアで取り組んでいる若者たちが一堂に会し、自分たちの日ごろの活動を発表したり意見交換をしたりと、その熱気には圧倒されます。若い人たちが農村での生活に夢を見出し目を輝かせている姿には、頼もしいものを感じさせられます。

さらに、こうした豊富な自然と文化が残されている地域に、都会から田舎暮らしを求めて新しい住民が住まい始め、ペンションや木工工房などを開いておられます。先にも触れましたが、世屋地区の木子集落では、かつての住民はすべて町へ出てしまいましたが、都会や他の地域から新しく移り住んだ人たちが、ペンションや農場などをされながら暮らしています。

京都府や宮津市といった行政は、こうした様々な活動に対し補助金を出したり、里の仕事人や里の仕掛人*6といった地域再生活動を手助けする職員を送り込むなどして支援を行っています。また、十数年前から京都府立大学や京都大学など京都方面から多くの研究者が入り込み、この地域の自然環境の状況や保全のあり方、生活文化の実態などについて、それぞれの分野から研究を進めています。先に紹介した深町先生や三好先生は、NPO法人里山ネットワークのメンバーとして加わりながら、研究成果を地域の取組に生かしています。

このように、古くからこの地域の自然環境と歴史の中で蓄積されてきた文化に、従来と異なる新しい価値を見出し、新住民や都市住民、学生などとの交流の中で新しい地域の環境づくりが進められてきています。こうした取組において重要となるのは、従来と価値の視点を変え、多様な集団や人々との間で地域の環境像を共有し、協働して取り組んでいくことであるといえます*7。従来は、経済的な価値に置き換えられるものが、最も価値があり暮らしを豊かにしてくれると考えられてきましたが、価値や豊かさはそれだけではなく、金銭的価値には置き換えられないけれども人間が生きていく上で不可欠な、精神的価値や生きる知恵につながる文化的価値のあることを顕在化していく必要があるということです。それは人間が生きる上で必要となる食べ物、着るもの、住まいといった形のあるものばかりではありません。自然の中で生きる知恵や楽しみ、精神的な要素はすべて、自然のシステムからしか得られないのです。市場経済システムにもとづく都市生活の中で見失ってきた人間本来の生きる意味や価値、共同の知恵と力をよみがえらせる場として、農村地域は極めて重要な役割を果たすと考えられます。

＊地域の自然と文化を基盤とした文化創造のプロセス

世屋地区での事例を文化創造のプロセスという視点からもう少し分析してみましょう。

世屋地区の棚田での米づくりや自然環境の保全活動に対しては、様々な活動団体、地域住民、研究者、地元企業、来訪者等、様々な主体が関わっており、いずれも棚田の保全・継承を大切なことととらえています。しかしながら、深町先生の研究によれば、地域住民は水土保全や自然への身近さから継承の意識を持つのに対し、都市住民は景観としての好ましさや生物の多様性を意識していることが調査から明らかにされています＊８。また、京都大学大学院の院生だった大岸万理子さんの調査によれば、ＮＰＯ法人里山ネットワーク世屋の会員は環境保全への意識が高く活動への参画を学習の機会として捉える傾向が強いのに対し、非会員は自分の関心や興味がある地域文化や自然環境の分野をリフレッシュの機会として楽しみたいと希望する傾向があるなど、意識に差異があることが明らかになっています＊９。

ＮＰＯ法人里山ネットワーク世屋では、これらの多様な主体が対話を繰り返す中で、それぞれの立場や意識の違いを互いに認め合いながら、全体の方向性としては「棚田の自然と文化の保全・継承」という将来目標を共有し、棚田を中心とした自然と文化の価値を明らかにしながら、具体的な保全・継承活動に結び付けていくよう取組が進められています。

つまり、世屋地区における棚田での米づくりや自然環境の保全、地域文化や景観の保全と継承の取組を進めていくためには、世屋地区の地域づくり、すなわち地域環境創造に関わる多様な主体が、それぞれ個別の意識や目的、方法によって別々に活動をするのではなく、各主体を尊重する緩やかな協働によって、主体間を越えて「棚田の自然と文化の保全・継承」を図るための観念や価値観を形成し共有していくことが大事であると考えます。

また、これらの個別の主体がＮＰＯの設立によってネットワーク形成を図ることで、一主体では担いきれない役割を補うことができ、世屋地区全体の自然環境の保全や文化の保存、継承、地域の活性化といった地域社会全体の課題を解決していくことが可能になると思います。

例えば、自然環境の保全の面では、研究者や学生が関わることで、多様な里山の生態系や希少な動植物の調査や学習が行われ保全方策を採ることができます。文化の伝承の面では、地域固有の伝統的技術に興味を持つ若者や学生が全国からやってきてその役割を担い、新しい担い手によって笹葺き屋根や藤織りの技術伝承が図られています。地域で取れる山菜や野菜を使ったペンション「自給自足」の料理は、都会に暮らす人々には新鮮で興味深いものと感じられ、田植え、稲刈り、自然観察会といったイベント時に提供されています。このようにして、自然に親しんだり体験学習の場として訪問者やリピーターが増えることで地域の活性化が図られ、都会からの来訪者は、田植えや稲刈りといった行事だけへの参加とはいえ、人手が必要な時期には地域の有力な戦力にもなっていると考えられます。

株式会社飯尾醸造やNPO法人里山ネットワーク世屋が上世屋地区で無農薬米づくりや体験活動に取組むことがなければ、上世屋地区の無農薬米づくりは途絶え、棚田の景観もなくなっていたといえるでしょう。

棚田で取れる無農薬米を使ったお酢は、安全と健康、豊かな自然環境と笹葺き集落、棚田の景観といった付加価値をプラスして、インターネットを通じて全国に販売され、地域経済の活性化に貢献しています。このような外部からの人の交流と新たな価値の発見によって、経済的な価値と文化的な価値が生み出され、里山全体の自然と文化、景観の保全に役立っています。これらの取組は、ここ数年前から始まったばかりですが、少しずつ地域に定着してきており、都会など地域以外からの参加者が広がってきています。

これらの展開のプロセスを分析してみましょう。まず、古くからこの地域に暮らしてきた人々が、世屋の自然を良く知り、それぞれの季節に応じた資源を活用して生活に必要なものを作り出してきた技術と経験の積み重ねによる経済的・文化的価値（蓄積）、すなわち「固有の価値」が存在していました。しかしながら、社会経済の変化の中で「地域の固有価値」が見失われ、過疎化と高齢化の中で継続と伝承が困難になってきました。この地で酢の醸造を営む地元企業にとっても、この固有の価値の減少は事業活動の存続にとって大きな打撃となりました。

一方で、この地区に残されている自然と文化の貴重さに気づいた都会などの他の地域の人々が、様々な団体や大学などと連携を図りながらこの地区にやってきて、地域住民との交流と対話を始めました。交流と対話の中から、自然と文化を学ぶ「里山の今日的価値の発見というイノベーション」が起こり、自然を学ぶ場として活用していく動きにつながりました。そして、里山に新たな価値を見出した新たな無農薬米づくりの担い手や世襲制によらない伝統技術の伝承のしくみが作られました。新たな無農薬米づくりの技術、高品質な醸造の技術が開発され、無農薬米によるお酢を使った新たな商品開発*10が進み、ネットを通じて新たな消費者を生み出しました。消費者は無農薬米を使ったお酢の商品を通じて、世屋の自然と文化やＮＰＯ法人里山ネットワーク世屋の活動を知ることで、より一層、環境意識を醸成させます。都会のレストランやホテルなどで無農薬米のお酢を使った料理が提供されることで、世屋の自然と文化の保全の取組が、より一層広く紹介されていきます。

ＮＰＯ法人里山ネットワーク世屋はこの地区で活動する多様な主体の束ね役として機能し、個別の目的や手段を活かしながら、全体として世屋の自然と文化の保全が図られるよう交流と対話の場を用意しています。ＮＰＯ法人里山ネットワーク世屋の参画者は、個々の機能を発揮しそれぞれのミッションに従って活動しながらネットワークによる協働の取組を進めることにより相乗効果をもたらし、自然体験やリフレッシュの機会の提供、自然環境の保全と食の安全のアピールといった新たな価値を創造しているといえます。

私はこれを「蓄積　↓　交流（対話）　↓　イノベーション　↓　創造(行動)　↓　蓄積」という地域環境創造のプロセスが展開されたと考えました。このプロセスにおいて重要な役割を果たしているものが、多様な主体間を越えて「世屋の自然と文化を自分たちで守っていこう」とする信頼と互恵性のネットワーク＝「社会関係資本」であると考えます。この社会関係資本によって結ばれる場は、農家、企業、研究者といった個々人の所有領域ではなく、多様な主体のネットワークとコミュニケーションによって地域の課題を解決する「公共の場」*11になったといえます。

さらに、「公共の場」となった世屋の棚田集落において展開される米づくりや自然体験活動を通じて、多様な主体間に「世屋の自然と文化」についての地域環境像と価値観の共有が進められ、次の世代へと継承していく方法が徐々に確立されていきます。このような「ある集団によって共有される観念や価値観」が、「文化資本」であり、信頼と互恵性のネットワークである「社会関係資本」によって支えられ形成される「地域環境創造」を次の世代へ継承していく上で重要な役割を果たすものであると考えるのです。

【社会関係資本と文化資本の形成プロセス】

〜　世屋地区の棚田の自然と文化を守る事例をもとに　〜

①棚田の自然と文化の蓄積（地域の固有性）

↓

②過疎化と高齢化による自然・社会・文化の崩壊（環境・地域課題への気づき）

←
③**交流**と対話による伝統文化と新しい文化の交りあい
（企業、地域住民、都市住民、活動団体等による対話（議論）とコミュニケーション・意識の共有）
←
④多様な主体の束ね役の存在（ＮＰＯ法人里山ネットワーク世屋）
←
⑤参加者の機能の発揮による自然に関わる行動
（無農薬米づくり・自然観察会・笹葺き屋根保全活動・藤織りなど）
←
⑥信頼と互恵性のネットワーク・個人の場から公共の場へ
（社会関係資本の形成）
←
⑦**イノベーション**による新たな価値の発見と活動の創造
（自然体験学習の場の創造・リフレッシュ機会の創造・健康志向の酢づくり・自然環境の保全と食の安全アピールなど）
←
⑧自然と社会の循環の仕組みづくりの形成・文化資本の維持システムの形成

（NPO法人里山ネットワーク世屋を中心とした多様な主体連携の仕組み）

←地域環境像と価値観の共有

『棚田の自然と景観を守り新たな文化を創造していこう』

←文化資本の蓄積

←次世代への継承

この事例を、企業活動のあり方という視点からも少し分析してみましょう。

棚田という良質の米を産する自然条件の中で、人の手間を要する無農薬米を原材料に、現代人が求める健康志向の酢を創り出していくという企業活動を持続可能にしていくためには、「自然環境の保全」と「社会環境の保全」というふたつの要素が不可欠であるということがいえます。これらふたつの要素の保全は、行政権力の行使や経済力による金銭によって達成しうるものではなく、都市住民を含む多様な主体のネットワークによって、人々の対話とコミュニケーションを出発点とした「社会関係資本」と「文化資本」によって可能になっていくものであると考えます。このように、無農薬米による醸造という企業活動を持続可能していくためには、資金、生産設備、人材といった従来の経済的資本に加え、自然資本を基盤に捉え、これ以上自然資本を損なうことのないよう、「社会関係資本」と「文化資本」への投資に努めていくことが必要となります。具体的には、行政や企業は地域住民やＮＰＯ団体などとの交流・対話の機会をつくり、地域環境の課題解決に対して協働の取組を進めていくことが大事であると考えられます。このような企業のあり方と取組の方法は、長岡京市の水資源を守る取組にも応用できます。

また、地域環境創造において重要であるのは、信頼と互恵性のネットワークである社会関係資本をどのように形成していくかということだといえます。世屋の事例のＮＰＯ法人の理事長を務めている飯尾醸造の社長、飯尾毅さんは、ＮＰＯ法人の運営で最も苦労するのは、関係者とのコミュニケーションの方法や協議の方法だとおっしゃっていました。地域住民、農家、企業、研究者、学生、都会からの来訪者といったそれぞれ目的や活動内容が異なる多様な主体の意見をどのように取りまとめ、合意形成を図っていくかというコミュニケーションのあり方が最も難しいことですが、それが重要となるといえます。

一人ひとりがここに集いあう以前から、それぞれに蓄積してきた経験、知識、技術を提供し合い、同意できることも異なる意見も含めて、互いに理解や了解することを第一歩とし、それぞれが持てる能力を持ち寄ることで、新しい独自の規範や価値が生み出され、「固有の公共圏」が形成されていくと考えます。個人の所有領域からの転換の場であり、都会の人々が見失った自然への思いを取り戻す場でもあるわけです。既存の価値を転換するという意味で「インターフェイス」のような役割を果たすと言えるでしょう。

さらに、コミュニケーションの結果、協働で行うことになった様々な具体的な行動や活動が繰り返し行われ、新たな要素を受け入れながらコミュニケーションが続けられることによって、この地域での共通の観念や価値観が形成され、文化資本として蓄積されていくのだと思います。世屋の事例においては、田植え、草刈り、稲刈り、笹葺きといった共同作業や自然観察会、農業体験、藤織り講習会といった学習を通じた自然へのかかわりという行為の積み重ねがこれにあたるといえるでしょう。

＊文化の維持システムと自然システムの類似性

オーストラリアの文化経済学者デイヴィッド・スロスビー＊12は、社会科学的な分析の基に、文化の維持システムと自然の生態系維持システムは、類似しているとしています。

それによれば、「文化も自然も、物質的な提供とともに、精神的、知的な非物質的提供を行う機能を持つものである（物質的・非物質的厚生）。またそれらは損なわれることなく、次の世代にも公平に伝えられるべきものである（世代間公平）。さらに、文化と自然へのアプローチは、現世代に生きる誰もが公平に享受できるよう分配の仕組みを構築すべきである（世代内公平）。文化も自然も地域の固有の特性や関わる人々の特性によって多様な形で創造されるものであり、それが維持されなければならない（多様性の維持）。これらの維持・継続のためには、システムが破壊されないよう予防原理を働かせることが大事である（予防原理）。文化も自然も、個々の要素は独立して存在しているのではなく、相互に関連し合い、交流や依存し合うしくみの中で、あらたな命や考え方や方法、価値観が創造されていく（相互依存性）。最後に、いずれも修復不可能となれば、自然破壊、文化破壊の状況となり、取り返しがつかない」と解説しています*13。

これらの原理を世屋の事例に当てはめて考えてみましょう。

「物質的・非物質的厚生」とは、無農薬米を用いた酢、藤織り、茅葺き民家などの物質的価値とともに、棚田の景観の保全、学習の機会の提供、リラックスの場としての非物質的な文化的価値のことであり、特に、これまであまり注目されてこなかった非物質的な価値の存在を認め、これに対して社会的投資をしていくことの大切さを認識することが大事と言えるでしょう。

「世代間公平」とは、農薬を使わない米作りによって世屋地域の自然環境が保たれ、多様で豊富な動植物が保全されるとともに、過去から引き継がれてきた農林業や藤織り、茅葺きなどの技術や知恵といった文化を損なうことなく、次の世代へと引き継いでいくことです。

「世代内公平」とは、この地域への関わりや参加の方法が、都会の人々など地域外の人々に公平に開かれており、自然保護、農林業、藤織り、ペンション経営、リラックスなど、動機や目的がどのように異なっていても、自由に関われる機会が用意されているということです。つまり、自然界への入り口は個人の所有領域として閉じられるものではなく、開放されるべきだと考えます。

「多様性の維持」とは、この地域に参加する人々の動機や目的が多様にあればあるほど、意外性と偶然性によって絶妙な組み合わせが生み出される可能性が増し、フローとしての文化的価値も多様になるということです。例えば仮に、資本力を持つ企業がこの地域一帯を観光開発化し、米作りから自然体験までを一貫して商業化したとしましょう。一見すれば地域の経済力が高まり、地域が活性化したかのように思われますが、採算性の評価しかされなくなり、利益が出ないことに対しては投資はされませんので、価値の一元化によって創造の可能性が失われ、結果的に経営破たんを招き、建物の残骸だけを残して撤退するといったことになるでしょう。こうした破たんの残骸は、地域の国道を走っているとよく見かけますが、ここに雇用されていた人たちはどうなったのかと思うと暗たんたる思いがします。地域の持つ価値は採算性という一元的価値だけでは評価できないと思います。多様な人たちの多様なアイデアで、様々な参加の方法を創り出し、たくさんの楽しみ方を見出していくことが大事だと言えます。

「予防原理」とは、自然界における種の絶滅の回避システムのことですが、世屋においては例えば、茅葺きの技術者がひとりとなってしまい後継者がいない状態を何とかしようと、地域外の若者たちのネットワークによる技術伝承が図られることや、棚田での無農薬米作りの作り手がいなくなってきたことに危機感を持ち、新しい作り手や農家さん以外の参加の仕組みを作るなど、絶滅を回避するための予防と継承の働きのことです。

最後の「相互依存性」については、スロスビーは「いかなるシステムの部分も他の部分から独立して存在することはない」という命題を用いて文化資本の保全システムのあり方を明らかにしています*14。ＮＰＯ団体などの非営利的な市民活動がネットワーク力を生かして、企業、教育機関、地域住民等の多様な主体間の連携と対話を図り、常に様々な季節ごとの行事や学習の機会などを設けて、活動し続けることが大事だということです。多様な主体による相互依存性によって、既存の領域や認識を超えて意外性や偶然性がぶつかり合い、新しい地域環境像や価値が生み出されていきます。相互依存性を大事にすることで、固定の観念に縛られず、新しい価値を創造し、価値観の共有を図っていくことが可能になるといえます。

ＮＰＯ法人里山ネットワーク世屋は、このような相互依存によるネットワーク力を持ち、それまでそれぞれ個々別々に存在していた機能を信頼と互恵性のネットワークでつなぎ、地域の環境像を共有しながら個々の活動を有機的につなぐ役割を果たしているといえます。

このように、宮津市の世屋地区の事例を基に分析をしてきましたが、長岡京市の「西山森林整備推進協議会」という水資源を守る取組においてもこの考え方と展開の方法は応用できます。地域の自然環境と文化を守るしくみは、スロスビーの「文化と自然の維持システムは類似している」という言説にもあるように、これらは一体的に構築されるべきものであると考えます。

＊環境政策と文化政策の統合

スロスビーの六原則の中でも見落とされがちであるのが、多様性の維持と相互依存性です。これまでの環境政策は、どちらかというと環境技術の開発による産業やエネルギー対策が中心であったり、法律、条例、規則など行政による規制が中心でした。これらはもちろん大変有益な役割を果たしてきましたし、再生可能エネルギー政策や環境税など、まだまだやるべきことはあります。予防原理、世代内公平、世代間公平を推し進めるためにも重要であることは言うまでもありません。しかし、それらだけの環境政策では解決できなかったことが、先ほど見てきた事例からも明らかになりました。地域の自然をこれ以上損なわないように自然と人が共生して暮らしていけるための「地域社会のしくみ」は、これまであまり注目されてこなかったということです。環境教育や自然体験学習などはもちろん行われてきましたが、それは学校の授業の一環であったり、市民講座など限られた場所と人々によるものでしかありませんでした。それだけでは、地域の人々が一緒になって、「この地域の自然をこれ以上損なわないように、みんなが公平に自然の恵みを得て暮らしていくにはどうすればいいか」ということを話し合ったり、意識の共有を図って未来ビジョンを策定し、協働の取組を進めることはできません。

また、宮津の世屋地区のように、環境負荷による環境問題ではなく、過疎化によって起こってきた自然と人の共生の生活システムである「里山の生活文化」の崩壊なども解決することはできません。里山の生活文化には、環境と文化の知恵と工夫が凝縮して組み込まれています。つまり、これまでの環境政策は、環境負荷の低減を中心に行われてきたと言えるのですが、環境の問題はマイナスをゼロにすればいいというのではなく、マイナスからプラスへと新たな生活の創造をしていくのでなければ、物質面と精神面の両面から真に豊かな生活を送っていくことができないと考えるのです。そのためには、昔の里山の暮らしに戻れというのでは、あまりにも非現実的です。環境と文化を切り離して考えるのではなく、冒頭に述べたように、文化は人々が限りある自然環境の中で共同して生活していくために生み出された知恵と工夫、思想などの総体ですので、変化を許容し新しい価値を創造していくことが大事だと言えます。

行政の政策からすれば、多くの場合、環境部門と文化部門は分かれてあり、文化行政というと舞台や音楽、美術鑑賞の機会の提供ということに終始しがちですが、文化は音楽や美術のように人間の生や精神が表現される面ばかりではなく、表現が生まれるもとになる人間性や思想、哲学が生まれる深い精神性を醸成する環境こそが大事だと思います。ですから、現代アートなどを見ると今の時代が反映され、象徴的に表現されているわけです。つまり、文化政策は環境政策と一体的に捉え、統合されるべきで、アート創造や舞台芸術などの表現面での文化政策だけでなく、人と自然の関わりの場や人と自然の関わりを表現する場に注目をして、そこから生み出される思想や哲学にも目を向け、環境政策をはじめとしたあらゆる政策に反映させていくことが大事であると考えます。

これからの環境政策では、人々の環境への意識の醸成とともに新たな価値観への転換と共有が必要となります。それは新たな文化創造のプロセスであると言えます。それには、行政による規制や研究者など熱い思いを持った人たちだけで進めていくことはできません。行政、NPO等市民団体、企業、地域住民、次代を担う子どもたちなど多様な人々がこの問題に向き合い、それぞれの意見やアイデアを出し合い、自分たちの持てる潜在的な能力を発揮して、協働で取り組んでいくことが重要となるのです。これが多様性の維持です。

社会が今のように経済化、孤立化する以前には、それぞれの地域では昔々から引き継がれてきた神社やお寺さんがあり、そこを中心として季節ごとのお祭りや催事が行われ、地域の人々はそのたびごとに集いあいながら集落の共通の決まり事を決め、協働して集落の生活環境を守ってきました。そこには「決まり事」だけがあったのではなく、神社やお寺に祀られている神様や仏様という「自然界の象徴」に対する畏敬の念と祈りがあったのです。それは神や仏の背後にある自然への畏れと感謝という無言だけれども共有された価値観がありました。私たちは経済が高度化し技術の力で何でもが便利で快適に過ごせるようになってきたため、いえそれは、3・11の大災害を見てもわかるように、そう思い込んでいただけのことでしたが、とにかくいつのまにか、自然に対する畏敬の念と祈りの精神を忘れてきてしまいました。

今、求められるのはかつての社寺を中心とした集落の集まりの場のような、地域の人々が集い合い意見を出し合える場づくりであると思います。もちろん、昔の集落には閉鎖的で暗い面がありましたので、そうした面まで引き継ぐ必要はありません。また、地域では高齢化が進んで、未来ビジョンを語ろうにも愚痴ばかりになってしまうということがあるでしょう。そうした状況を打開するためには、大学の研究者や都会の人、ＮＰＯ団体など地域外の人々の意見を取り入れ、昔からあった地域の文化との融合を図ることが大事と言えます。よく言われることですが、地域の人々には地域の本物の良さが見えません。今日的な新しい価値を付与するためには、外からの新しい視点で見直すことが必要です。何も里山の地域外の人たちの考えが優っているというのではありません。都会の生活の中で足りないと感じている自然との交流の場を直感的に取り戻したいと思っているのかもしれません。それを受け入れる場が必要なのです。

しかしそれをそのまま受け入れるのではなく、旧来からの暮らしの知恵や地域の自然状況と融合させ、新たに集いあった人々の間で新しい地域の価値を見出していくことが大事と言えます。

＊地域環境創造の進め方

このような地域の自然と文化を基盤とした地域再生のプロセスを、私は「地域環境創造」と呼び、このような集いの場を「地域創造インターフェイス」と呼んではどうかと考えます。よく行政のモデル事業的に地域再生事業と称してまちづくりの取組が行われますが、研究者や都会から来た地域プランナーと言われる人たちの中には、成果を急ぐあまり自分たちの考えや他の地域の事例を、無理やり押し付けようとする傾向があります。私も行政に長く携わっているのでその辺りの事情はなんとなくわかるのですが、地域再生の取組は、公共工事のように年度末で仕上がるようなものではありません。イベントをひとつやったくらいで、本物の地域再生ができるわけもありません。行政の支援がすべて悪いというのではありませんが、行政の支援や補助金をあてにするのではなく、どんなに時間をかけてでも話し合いをし、地域の未来ビジョンを共有することから始めなければなりません。また、こうした地域に根付いた取組を時間をかけて行っていくためには、行政の支援の方法も市町村が中心となる方が良いと考えます。京都府立大学においていくつかの地域をヒアリング調査したところ、連携を欠いた行政支援のあり方があちらこちらで問題となっていました。

このインターフェイスの場では、里山の地域住民に新たな人々を交えて、まず互いの信頼関係づくりを進めることからスタートしなければなりません。互いに意見が違うのは当たり前です。相手の意見をよく聞き、自分の考えを少しずつ変えながら互いに歩み寄っていくことが大事です。それから、どんな小さなことでもいいので、何か協働の仕事をすることです。話し合ってばかりではお互いに煮え詰まってしまうので、道の草刈りでも川の掃除でもいいと思います。一緒に汗をかくことで一体感が生まれ、協働の作業を通じて相手への信頼が生まれます。これが相互依存性のしくみであり、ここから生まれる信頼関係を先ほど説明した「社会関係資本」といいます。

次に、未来ビジョンの策定と共有の段階になりますと、外からやってきた新しい人たちの新しい視点で地域に昔からある文化的な資源や自然の資源に新しい価値の光を当て、これらを生かすにはどうしていけばいいかということを話し合っていきます。ここでは古い地層の上に新しい地層を重ねるというような文化の蓄積と創造という作業が行われます*15。この作業が「文化資本の蓄積と創造」で、作業が行われる場は、価値の転換を伴う「インターフェイス」の役割を果たします。

このように、信頼関係や文化という形として見えないものに「資本」という概念を用いて顕在化することで、私たちが何に対して社会的な投資をすればいいかが見えてきます。つまり、これまでは社会投資というと、道路や橋を作ったりというハード面での社会整備や環境技術への投資といった形として見える成果しか思い浮かばなかったのですが、環境問題の解決のためには、こうした目には見えないけれども人間が共同で生活していくうえでなくてはならない、社会関係づくりと生活の物心両面での基盤となる文化創造への投資も必要になるということです。

哲学者である明治大学野生の科学研究所所長の中沢新一さんは、社会には人間同士を結び付ける作用として「キアムス（交差）」の構造が内在しており、資本主義以前の世界では人間と生態系の間にもこのキアムス構造があったとし*16、自然界や他人といった外部との境界には透過性にすぐれたさまざまなインターフェイスの仕組みが設けられており、かつては農村部から農作物や人間の移動をとおして古い伝統が都市部に流れ込み、両者の結びつきによって伝統に新しい創造がつけ加えられたとしています*17。そして、3・11以後の社会づくりにおいては、さまざまな領域にこのキアムス的な関係を再構築していくことが必要である*18としています。今日の文明の基盤となった里山の農村文化に今一度光をあて、いびつになった都市と農村のより良い関係を再構築していくことが求められているのではないでしょうか。

このような地域環境創造のしくみについては、スロスビーの「文化と自然の維持システムは類似している」という定義に注目にしていくと、もっといろいろと気が付かなかったしくみを発見できるかもしれません。先ほど、多様性の維持と相互依存性が特に大事であると述べましたが、旧来の自然と人の共生システムに戻るのではなく、暮らし良さは生かしながら、今の社会政策に欠けている精神な豊かさや協働の仕組みを取り戻し、新しい価値の創造をしていくためには、このふたつの原理に特に注目をして様々な取り組みや政策を進めていく必要があると考えます。

今日の日本社会においては、「モノから心へ」などといったスローガンは見聞きするものの、実際には経済発展の方が環境や文化の政策より重視されています。原子力発電の再稼働をめぐる議論にもそれがよく表れています。しかしながら地域レベルでは、様々な人々と協力しながら地域を創っていく「文化創造」の取組が、小さいけれど温かみのあるやり方で静かにひろがってきています。

「彩」（いろどり）の葉っぱビジネスで一躍世界的にも有名になった徳島県の上勝町や、上流文化圏研究所を立ち上げて都市からの新しい風を常に取り込んでいる山梨県の早川町などがそのよい例と言えるでしょう*19。いずれも人口一〇〇〇人から二〇〇〇人の小さな山間の町ですが、高齢者の皆さんが自分のできることに精いっぱい能力を発揮して、葉っぱビジネスや農産物の手作り品づくりに生きがいを見出し、生き生きとして暮らしておられます。一人ひとりが持てる能力を発揮していろいろな新しいことにチャレンジしていくことで新しい文化が生まれ、地域の自然を基盤とした人の暮らしが維持されていくのです。

少しまとめてみますと、環境の問題を解決し、持続可能な社会づくりを目指していくためには、まずは一人ひとりの暮らし方や意識を変え、これまで価値を見いだせなかった里山の農村文化といった地域の自然と文化に、みんなで新しい価値や意味を見出していくことが大事だと言えます。そしてそれらを基にして、地域社会の制度や計画を見直し、農林漁業の再興や再生可能エネルギーへの転換を図っていくことが求められているのだと思います。その際に基軸となる考え方は、日本や京都、宮津市や長岡京市という地域の環境や風土に蓄積されている「文化」を基軸とすることが重要であるといえます。

それは、3・11の東日本大震災後の復興計画においても重要な指針になると思います。震災で大きな被害を受けた岩手県大槌町の職員、佐々木健さんを京都に招き、京都府立大学での講演（二〇一一年一〇月）と京都環境文化学術フォーラム（二〇一二年二月）での国際シンポジウムで復興のあり方についてお話をいただきました。佐々木さんは、復興に当たっては、高い防波堤を作ることばかりでなく、祭りの復活や移動図書館など、みんなが元気になるような取組と、イトヨやサケなど地域の自然を生かした取組など、自然と文化による復興の大切さを力強く訴えられました＊20。

日本という地震の多い地形や、地域ごとに異なる地形・地質・気候にあった暮らし方を基に、産業やエネルギー転換をしていかなければなりません。京都造形芸術大学の原田憲一教授は、「地質文明観」（二〇〇八年）の中で「変動帯文明における生きる姿勢と生きる態度を体系づけることができれば、動的な自然に順応する生き方が見出せるものと推測できる。そうした成果に基づいて、地球の環境と資源の特性に整合的な生き方を追求すれば、現代の危機は回避できると期待される」としています＊21。こうした地域からの自然と文化を基盤とした発展のあり方は、日本の地域ばかりでなく世界のどんな地域にも共通して言えることだと思います。

今どきの学生②

「学生の環境意識アンケート」から

二〇一一年一二月、京都府立大学福祉社会論（主に一回生）の受講者を対象に行ったアンケート調査より。

Q：表1「二〇五〇年の低炭素社会の描写例」を基に、「あなたはビジョンAの「活力・ドラえもんの社会」か、ビジョンBの「ゆとり・さつきとメイの家」のどちらを選びますか？」

有効回答者九〇名のうち、七六％の学生がビジョンBの「ゆとり・さつきとメイの家」社会を選び、二四％の学生がビジョンA「活力・ドラえもんの社会」を選びました。女子学生の方が「さつきとメイ型社会」を選ぶ傾向にありました。

この調査を二〇一〇年の同様の調査結果と比べてみると、「さつきとメイ型社会」を選んだ学生が七二％から七六％に増加し、「ドラえもんの社会」を選んだ学生数が二八％から二四％に減少していました。この傾向は同様の調査を行った京都女子大学（現代社会学部・蒲生孝治教授、環境社会論での一一一人の結果）とも一致しており、京女では「さつきとメイ型社会」を選んだ学生が五八％から六六％へと増加していました。

表１　低炭素社会のシナリオ（(独)国立環境研究所）

ビジョンA: 活力、ドラえもんの社会	ビジョン B: ゆとり、サツキとメイの家
都市型/個人を大事に	分散型/コミュニティ重視
集中生産・リサイクル 技術によるブレイクスルー	地産地消、必要な分の生産・消費 もったいない
より便利で快適な社会を目指す	社会・文化的価値を尊ぶ
GDP一人当たり2%成長	GDP1人当たり1%成長

また、京都府立大学の学生に「あなたの環境タイプは次のいずれか」

A……環境意識が高く、行動も伴っている。
B……環境意識は高いが、行動は伴っていない。
C……環境問題についてはあまり意識していないが、環境に配慮した行動は行っている。
D……環境意識はあまりなく、行動もしていない。

を選択させた調査でも、Dの「環境意識も環境行動もしていない」とする学生が、二〇一〇年の二七%から二〇一一年は一一%と大きく減少し、環境意識派、行動派とも全体的に増加していました。

このような傾向の原因としては、やはり二〇一一年三月一一日に起こった東日本大震災とそれに伴って発生した東京電力福島第一原子力発電所の事故の影響が大きいのではないかと考えられます。多くの学生がこの世紀的な天災と人災を重く捉えたコメントを書いていました。震災が起こる前の昨年度の学生のレポートと比べてみても、環境問題に対する緊迫感や将来の社会づくりへの責任感が強く伝わってきます。特に、原子力発電に関する知識や意見がずいぶんと詳しくしっかりとしたものになったのには驚きました。それまでは、どこか遠くのことだったのが、急に身近な現実的な問題として自分に迫ってきたという感じがひしひしと伝わってきます。
レポートを書くにあたっては、ひとまずビジョンAかBのどちらかを選ばすこととし、両方という選択肢は無くしました。しかしながら、それぞれひとまずA又はBを選びながらも、最後には相対するビジョンの良さも取り入れるべきと書いている学生も多くいました。それはある意味当然のことだともいえますが、さつきとメイ型社会を選択する学生が増えていることと、そのレポートの内容に私たちは時代の変化を読み取るべきだと思います。講義後のレポートからいくつかを簡単に紹介しましょう。

B　さつきとメイ型社会を選んだ理由

・地域分散型社会の方が東日本大震災のような災害に強くコミュニティの結束も強いから。
・阪神淡路大震災後は高齢者の孤立化や孤独死が問題となり、東日本大震災によってコミュニティの再構築が大きな課題となったから。
・東日本大震災の際、人々を元気づけたのは人と人とのつながりや協力、援助だったたか

ら。
・便利な社会を追求してきた結果があのような原発事故を招いてしまったから。
・ドラえもん型の社会では多くのエネルギーを必要とするから。
・どれだけ技術が発達したとしても人は一人では生きていけないのでコミュニティを重視すべき。
・本当に満足できる社会は社会的文化的に価値の高い社会だと思うから。
・私たち人間は多くの動物や植物と同様に生態系の一部として生存しており、生態系を守ることが有限な資源を有する地球の永続を意味すると思うから。
・人間の欲には限界がなく、より便利で快適な暮らしの追求にはきりがないから。
・大量生産・大量消費の社会ではなく、必要な分の生産・消費、地産地消の生活が大事だから。
・人間同士のつながりが重視され、私たちはつながっているんだと感じることができれば、目には見えにくい環境問題も自分たちの問題として捉えることができるようになるから。
・コミュニティによって人々が一体感を持つことで得られる満足感が、ストレス発散のための無駄な消費を減らすことができるのでは。
・環境面でも大きな単位でやるより小さな単位でやる方が地産地消、節約などの点で団結がしやすく、効果が出やすいと思うから。

・都市型を目指して発展してきてモノの過剰生産や地方の過疎化、産業の空洞化という問題が起こってきたから。
・便利な社会を目指すと、世界中のどこへ行っても同じような社会になってしまう。その地の文化や慣習を大事にした方が個性が出て面白いから。
・都市化が進んでも、京都のように昔の面影が残るところへ観光に行ったり大自然の中へ出かけたりするのは人間がそういったところに安らぎを感じる生き物だから。
・理想の子育てを考えると自然が豊かでコミュニティがしっかりしている方がいいから。
・先進国の技術や物質が途上国の人々に行き届かないまま、さらに便利さを求めて集中生産していくのはナンセンスだから。
・「中庸」の考えを基に今の行き過ぎた社会を見直し、AのビジョンにBを取り入れてデメリットを打ち消すような社会を目指すべき。
・自分の出身が田舎なので、京都という都会で暮らすようになって便利さはあるものの人とのつながりの大切さをかえって感じるようになったから。
・農村型コミュニティを取り戻すことで、地産地消によりCO_2を減らすことができ、地域への愛着によって地域の自然を守ろうとする意識が高くなるから。
・今住んでいる町がさつきとメイ型の町によく似ていて、田園風景が広がり、祭りやイベントなども盛んで地域のお年寄りと話す機会もあり、多少不便でもとても楽しく暮らしているから。

・何でも新しいものを求めて発展や開発を急ぐより、もっとゆっくりとした時間が流れる社会であってほしい。地産地消や社会・文化的価値を尊ぶ日本の社会の中で生きていきたい。

Ａ　ドラえもん型社会を選んだ理由

・車も携帯電話もなくては困る。さつきとメイ型のような昔の暮らしには戻れないから。
・人間は工夫する生き物であり、技術を駆使して不便な部分を積極的に改善してきたので、これからも無駄のない循環型社会を作っていけると思うから。
・人口増加に対応していくためには技術革新が必要。
・技術開発力を高めていくことで国際競争力を高めることができるから。
・便利さを求めることが悪であるかのように言う人が多いが、そもそも便利でなければかえって不満を感じ、過疎化と過密化がさらに進展する。
・技術革新は必要不可欠であるが、都市化を進めると人間同士の結びつきが不確かなものになるので、人のつながりは大切にすべき。
・高度な科学技術を用いて太陽エネルギーや風力エネルギーなど再生可能エネルギーの開発を進め、持続可能な社会づくりを進めるべき。
・二〇五〇年の社会を作り上げていくのは我々の世代なので、我々が無理をせず確実に創っていける将来を考えるのであればドラえもん型社会。
・環境を大切にする技術革新がより進展することは良いこと。Bの「もったいない」精神は無くすべきではない。

今どきの学生③

学生たちの過疎化対策アイデア１０２

福祉社会論　第二回講義レポートから抜粋
Q：「過疎化対策の具体的な施策のアイデアや考え方について自由に書きなさい。」
＊各アイデアの末尾の数字は同様の回答をした学生数

■まちづくりへのアイデア　16
・若い人に住んでもらうためには、学校、幼稚園、保育園、病院が是非とも必要。　7
・交通の整備、バスや電車の本数を増やす。　7
・子どもが育つ良い環境、豊かな自然環境、安全な食べ物、美しい景観を生かして学校や保育園を作る。（少人数教育、自然の中での理科の実験、自然の中で豊かな人間性を

育む、秋田市の国際教養大学の例、実家の近くの地域の例）　5

・住みよい理想の町づくりを進め（ショッピングセンター・治安・子育て・自然・産業）住みよい町であることをアピールする。　5

・医療機関の整備を進めるため研修医の地方経験を推進する。

・行政が宅配サービスの制度を作る。

・大学と連携して分校を作る。

・自然エネルギーの発電所を作る。

・日本の地形を生かして小水力発電、潮流発電、海上風力発電を導入する。

・バイオマスで車を走らせる。

・地域の人たちが環境・福祉・文化の問題意識を共有し、共に行動する体制を作る。

・田舎の古いしきたりや濃すぎる近所づきあいを見直すなど、外からの人たちが住みやすい環境に変える。

・環境の良い所での子育てや学術的研究、実験の場として活用してもらうため、長期滞在できる貸家制度を設ける。

・過疎地域の人を都市の近くに全員移動させる。

・都市部の機能を過疎地域に分散させる。

・地域の見どころマップを作り外部に発信するとともに、地域の人たちも自分たちの地域を見直すきっかけとする。

■農林業・就農支援アイデア16

・農業を生かすなど、地域ならではの産業づくりを進める。5
・地産地消、国内産消費を進め食料自給率を高める。5
・農林業を企業化したり農業工場をつくり、雇用の場を創出する。4
・農林漁業のすばらしさやおもしろさを子どもたちや都会の人にもっと伝える。3
・農林業に補助金を出し、若い人の就農を支援する。3
・安全でおいしいという日本の農業の価値を高め、若者が就職できるよう改革する。
・農村留学の事業を導入し雇用の場を作る。
・就職フェアで就農コーナーを設ける。
・学生が授業やゼミで農村に行った体験をブログに乗せて紹介する。
・農村での就職を支援する団体を作る。
・空き家を社宅にしたり耕作放棄地や森林を就労の場とする。
・専業農家へベーシックインカムを導入する。
・はじめて農業をする人のために共同経営のしくみを作る。
・府大生協の食材を国内産とする。
・農家の施設を近代的なデザインにしたり、作業着をおしゃれにして農業のイメージを変える。

・第一次産業の販路として海外への販売を促進する。

■田舎の強みを生かすアイデア　12
・伝統工芸や伝統的風習、美しい景観、農村の良さや体験の場を公的機関やメディアを通じて発信する。　15
・文化や景観を生かした仕事、観光、特産物などを創出する。　9
・その地域の伝統や文化を守り誇りとしていく。　3
・「ゆるキャラ」や「歴女」、「動物」などを活用しアピールする。　2
・集落の人たちと手紙で交流し、農村の良さを伝える。
・朝市を開催する。
・Ｂ級グルメフェアを実施する。
・Ｂ１グランプリの上位の料理は産地に行かないと食べられないようにする。
・自然を身近に感じられる『楽園』のようなところをつくる。
・都会の人が地方に移住するという過疎地域再生ドラマを制作する。
・その地域を「聖地」にしたアニメを制作する。
・子育てしやすい環境（自然やコミュニティの良さ）であることをアピールする。（自分の親戚の事例から）

■体験学習・教育の場・学校づくりアイデア　11

・田植えなど、自然の良さを知ってもらえる地域ならではの産業・文化の体験の場やイベント、親子体験ツアーなど実施する。　13

・田植え、草刈り、日常的な買い物など学生ボランティアを派遣するしくみをつくる。　5

・小中学校の授業で農村体験を学校行事化する。　4

・学生のインターンシップの場として活用する。　2

・農家でのホームステイを進める。　2

・若い人たちが田舎に残るよう、小中高の学校教育でその土地の強みや誇り、地域への愛着心を育てる。　2

・地域の学生が自分の地域を調査し、地域に関わる機会を増やす。

・都市との交流のために無料シャトルバスを走らせる。

・一～二ヵ月くらいの農村留学を義務化する。

・大学生協の旅行パックに「農村体験」を作る。

・学生による産地協同作業を行う。

■福祉・コミュニティ再生アイデア　12

・コミュニティ再生のために地区ごとに高齢者や地域の人が寄り合える場を作る。（郷土料理、祭り、イベント）　4

・「特区」などを活用して、老人ホームやホスピス、病院などの医療・福祉施設を作り、安心して住める町にする。4
・コミュニティバスを走らせる。2
・お年寄りの知恵と力を活用する。2
・寄せ書き風の回覧板を回す。
・行政職員が地区ごとに定期的に訪問する。
・学生が個別訪問のボランティアをする。
・学生が集落の人たちのお話を良く聞いて、必要な支援を行う。
・地域の高齢者と都会の若者の交流の場を作る。
・高齢者の買い物サービスや入浴を福祉サービスのビジネスとして確立し、雇用の場を作る。
・高齢者自身の仕事として福祉サービスの仕事を作る。
・かつての日本でできていたコミュニティを大切にした暮らしを思い出す。

■地域経済・産業振興アイデア　10
・ITやインターネットを活用して、田舎でも在宅就業できるようにする。3
・雇用の場を確保するため工場や企業の支店を誘致する。3
・地域内での交換経済を活発化する。2

・若者向けのショッピングセンター、映画館などの娯楽施設を誘致する。
・ＩＴ関係の企業を誘致する。（倍速で作業が可能、自然に囲まれた良好な環境）
・伝統工芸品を海外に販売する。
・ビジットジャパンの展開を進める。
・外国人労働者を受け入れる。（耕作放棄地の開墾、医療従事者）
・都市で当たり前となっているサービス産業を地域でも広める。
・都市に本社機能を移転する場合には税金をかけ、都市部への一極集中を抑制する。

■ライフスタイルの転換アイデア　８

・就職がうまくいかない若者のために農村での職探しを支援する。　４
・住居、職探し、集落の人付き合いや農作業など、都市住民の移住をサポートする相談センターを設置する。　４
・都市での忙しい毎日から逃れるために農村に来てもらうしくみをつくる。　２
・移住者への優遇措置、補助金制度を創設する。　２
・都市の人の労働時間を減らし、働くことの他にも価値のある営みがあることを知ってもらう。
・都市と農村地域をつなぐ"境界人"のような人が出てくるよう交流の機会をつくる。
・インターネットで空き家の紹介をする。

・都会の暮らしの中からなくてもいいようなモノを減らし、無駄のない生き方を進め、農村地域との格差を縮める。
・

■行政の改革・税制アイデア 11
・都会に住む人から都会税を取り、農村への移住などの支援を促進する。4
・過疎地域に住む人への給付金制度や高齢者の医療費無料制度、学費補助、出産手当や転入手当、減税対策などを実施する。4
・新幹線税や高速道路税を徴収し、過疎対策に活用して地域間格差をなくす。
・経済発展重視の価値基準から、自然・文化・人とのつながりなど精神的な充足に焦点を移す。
・京都府庁を北部地域へ移転させる。
・行政が「理想の町」への移住プランを作り、各地へセールスに回る。
・原発やダムなどの建設といった「ＮＩＭＢＹ」（自分の裏庭には来ないで）の発想をやめる。
・企業誘致にあたって地方の大学との連携を図る。（共同研究）
・過疎化の問題は個々人の努力だけでは解決できないので、国、地方行政、学校など何らかの権限を持つ集団が働きかける。
・地方分権を進め財政や政策面で地方の独自性を生かす。

・地域に住む人と行政が協力し合い最後まであきらめないこと。

■自分のこととしての意見 3
・自分のふるさとも過疎化しているので、これから真剣に考えていきたい。 2
・地域の伝統文化を守るボランティアに自分も参加したい。
・就活先として農村や職人というのが一般的になってほしい。自分がそういう職に就きたいと思うが周りの反応が微妙なので。

■課題・意見 3
・若者・行政・企業が一方的に良かれと思って行動するのでなく、まず地域の人たちが話し合う場を作り理想の生活像を共有する。 4
・例えば「バイオマスタウンのまちづくり」というだけでは「住みやすい理想の町」にはならない。(自分の故郷の事例から)
・一時的な訪問だけでは過疎化の歯止めにはならない。

＊1 宮津市住民基本台帳、二〇一〇年三月三一日現在を参照。
＊2 大岸万理子「宮津市上世屋地区における地域特性および関係者の意向を踏まえた棚田保全に関する

研究」京都大学大学院地球環境学舎環境マネジメント専攻修士論文、二〇〇七年、三〇～三四頁。

＊3 奥谷三穂「地域環境創造における文化資本の意義と役割」、文化経済学会日本『文化経済学』第六巻第一号、二〇〇八年、一一九頁。

＊4 株式会社飯尾醸造　http://www.iio-jozo.co.jp/

＊5 立命館大学「丹後むらおこし開発チーム」
http://www.tangoweb.co.jp/tmkt/muraokositohaneo.html

＊6 京都府「里の仕事」、http://www.pref.kyoto.jp/news/press/2010/5/1274682798963.html、里の仕掛人、http://www.pref.kyoto.jp/news/press/2011/5/1306729915838.html

＊7 奥谷三穂、「地域環境創造における文化資本の意義と役割」、文化経済学会日本『文化経済学』、第六巻第一号、二〇〇八年、一一〇～一一一頁。

＊8 深町加津枝「里山ブナ林に対する地域住民と都市住民の景観評価および継承意識の比較」日本造園学会誌『ランドスケープ研究』Vol.65No.5　2002年　p.652

＊9 大岸万理子、「宮津市上世屋地区における地域特性および関係者の意向を踏まえた棚田保全に関する研究」京都大学大学院地球環境学舎環境マネジメント専攻修士論文、二〇〇七年、六一～六二頁。

＊10 ＪＡＳ規格の米酢標準基準の七～八倍のお米を使った「富士酢プレミアム」や地元産の野菜や果実を使った果実酢、健康食品としての「食べる酢」など。http://www.iio-jozo.co.jp/products/kihon.html

＊11 「公共の場」とは、複数の参加者、参画者が、社会的なある共通の課題を解決するために協議し対策を実施したり、コミュニケーションを図りながら解決のための行動を共に実行する一定の地域、場所のことを言い表す。「公共性」については、財政学、社会学、哲学など多くの分野での研究がなされており、例えば、池上惇『現代経済学と公共政策』、宮本憲一『公共政策のすすめ』、宮内泰介『コモンズをささえるしくみ』、Habermas, Jurgen *Strukturwandel der Offentlichkeit*,（細谷貞雄、山田正行翻訳『公共性の構造転換』）などがある。

＊12 David Throsby、マコーリー大学（オーストラリア）教授。文化経済学の第一人者。

＊13 David Throsby、監訳・中谷武雄、後藤和子、『文化経済学入門』、二〇〇二年、八八～一〇〇頁。

＊14 David Throsby『文化経済学入門』二〇〇二年、八八〜九九頁。
＊15 このような地域力再生の進め方については、京都府府民力推進課のホームページにある「地域力再生マニュアル」を参照。http://www.pref.kyoto.jp/chiikiryoku/1206407900099.html
＊16 中沢新一『日本の大転換』二〇一一年、四七〜四八頁。
＊17 同、九三〜九四頁。
＊18 中沢新一『野生の科学』二〇一二年、二三二〜二三六頁。
＊19 山梨県早川町の事例は、京都府立大学地域貢献型特別研究（ACTR）平成二三年度「宮津市の地域活性化問題に対する大学としての地域貢献のあり方に関する研究」中に調査結果を掲載。http://www.kpu.ac.jp/contents_detail.php?co=cat&frmId=2581&frmCd=6-2-4-0-0
＊20 大槌町の復興については『天恵と天災の文化誌』二〇一二年がお薦め。
＊21 原田憲一「地質文明観」、監修・梅棹忠夫『地球時代の文明学』、二〇〇八年、七〜三八頁。

第二章

未来社会づくりにおける新たな価値の創造

1　塩見直紀氏の講義「半農半X」に学ぶ

第一章では、未来の社会づくりを考えるというテーマで、限りある地球システムの中で人間社会をどのようにつくっていけばいいのか、自然と文化を基盤にした地域社会創造のプロセスについて事例を基に考えてきました。地域社会づくりは一人の考えや行動だけでは進められませんので、ある集団の中で意識やビジョンを共有しながら進めていくことが必要となるということでした。その際に重要な要素として、外部からの視点で新たな地域価値を見出し、従来から地域に蓄積されてきた文化の上に新たな文化を創造するプロセスを指摘しました。変化を許容しうる柔軟なしくみが必要だということです。

また、学生たちの環境意識アンケートの結果からは、二〇一一年三月一一日の大震災以降、環境や社会に対する考え方が、自然や農村の価値を大切にする方向へとシフトしてきていることがわかりました。これは、私の世代である昭和三〇年代生まれの人たちとは大きく異なっています。アメリカ型の生活志向から、日本の自然にあった生活や文化を見直そうとする動きが出てきていると言えると思います。

第二章では、価値観の持ち方を集団から個人へと視点を移して考えていこうと思います。つまり、地域社会づくりの新たな方向性のイメージはできてきたかと思いますので、それでは個人として、どういう価値観を持って行動していけばいいかということを考えたいと思います。そこで講義にゲストスピーカーとしてお招きしたのが、現在、京都府綾部市の農村で「半農半X」の暮らしを実践され、「半農半X」という生き方や考え方を提唱されている塩見直紀さんでした。

＊「半農半X」という生き方

塩見さんは一九六五年、昭和四〇年のお生まれということで私の世代の次の世代になります。日本ではちょうど四大公害と言われる水俣病や四日市ぜんそくなどが社会問題として顕在化してきた頃です。高度経済成長のもたらした弊害を社会が受け止め始めた時代と言えるでしょう。

塩見さんは大学卒業後にカタログ通販会社「フェリシモ」に入社され、一〇年ほど勤められる中で環境問題に強い関心を持つようになります。その頃、屋久島在住の作家・翻訳家の星川淳さんのライフスタイルである「半農半著」という生き方にインスパイアされ、三〇歳になる一九九五年ころから二一世紀の生き方、暮らし方として、「半農半X」というコンセプトを提唱されました。そして一九九九年に一〇年間勤められた会社を退職されて、三三歳を機に綾部へUターンし、二〇〇〇年四月に「半農半X研究所」を設立。自給農をしながら著作活動や講演、廃校となった母校の旧豊里西小学校を拠点とした「NPO法人里山ねっと・あやべ」のスタッフとして、綾部の可能性や二一世紀の生き方、暮らし方としての「里山的生活」を市内外に向けて発信されています*1。

塩見さんの講義では、まず「半農半X」とは何か、ということについて、綾部の農村の写真を映し出しながらご自分の経歴などを踏まえてお話しいただきました。

「半農半X」とは簡単に言うと「持続可能な農ある小さな暮らしをベースに、天与の才を社会に活かす生き方、暮らし方」ということです。詳しくは塩見さんの著書をお読みいただければと思いますが、第一章で述べてきたように、人間の暮らしの基本は自然環境とともにしかありえないので、まずはその自然環境の中から生きるために必要な食物を生産する「農」を誰もが、どんなに小さくてもいいので、続けて行っていくことが基本であるということです。

もともと農村に生まれ育った人でなければ、広い田畑を持てる人はそう多くはありません。もちろん現在、国や地方自治体では帰農支援のための様々な施策が行われていますが、一人の人間を取り巻く事情も様々ですので、条件を整えるには様々な課題が伴い、結果的にIターンできる人はまだまだ一握りでしかありません。

実は私も、大学を卒業してすぐの若い頃に、農村での暮らしを夢見てチャレンジしましたが、見事に失敗しました。今のように帰農やIターン支援の制度があるわけでもなく、市役所に呼ばれてあやしい若者扱いをされたりもしました。三〇年以上も前のことですから、その頃に比べれば支援制度はいろいろとできてきましたし、地域でも都会からの人を受け入れる体制や理解が進んできたように思います。がしかし、人にはそれぞれいろいろな事情がありますので、これも何か人のつながりという縁のようなものがないと、直ちに地域に田畑を持って住まうことは難しいといえるでしょう。

そこで塩見さんがおっしゃるには、広い田畑でなくてもいいので、お庭やベランダなどでの「小さな農」でも良いということです。自然に向き合う場があれば良いということでしょうか。そしてその上で、自分の持てる可能性と能力を生かして、社会に役立つ何かをしていく、という新しい生き方が提唱されるのです。これを「農」プラス「X」と言わずに、「農」×（かける）「X」と言ったところが哲学的だと言えると思います。つまり、「農」を基盤として、そこから可能性が無限に広がるということです。生命多様性×使命多様性×地域多様性×組み合わせ＝無限。塩見さんの「小さな農」を説明するキーワードには、和食、生命多様性、関係性の回復、脱人間中心主義、恵み感受性、瞑想、思索、修行、創造、手、汗、身体性という言葉が並びます。

これは私なりの「農」の捉え方ですが、最初の方でお話ししたように、文化とは人間が自然の中で生きていくために見出してきた知恵や工夫、思想、慣習などの総体です。「農」を行うことで日常的に自然と向き合う生活習慣ができ、自然に対する畏怖や畏敬の念が醸成されます。また、「文化」という言葉もその意味が大変広く捉えがたいところがありますが、一言では言い表せないようなことを体感的に捉える感覚を「農」は養ってくれます。禅の修行に「作務」といって、畑仕事をしたり掃除をしたり食事を作ったりという日常の用務を行う行《ぎょう》がありますが、それによって体得される言葉では言い表しえない感覚に近いのかもしれません。言葉でうまく表現できないからといって、「あいまい、不確実、不正確で取るに足りえない」と片付けるのではなく、「農」の行いは、自然界そのものの関係性とともに、自然界と人間界をつなぐ多様な要素がつながりあい相互に作用しあって「稔《みのり》」をもたらすものですので、文化の創造と大変よく似たところがあるということです。

つまり「農」を行うということは自分を取り巻く世界を把握する方法のひとつであり、「農」は人間としていかに生きるかということを考えるヒントを与えてくれると思います。ですからこれは「農」でなくても「漁」でもいいですし、「林」でも「森」でもいいということでしょう。もちろん、「農」と「漁」では、相対するものが植物と動物という違いがありますので、耕作するという行いと狩猟するという行いの違いがあり、食物を得るための知恵や工夫、哲学と慣習に違いが出てくるとは思いますが、自然への畏怖、畏敬の念が体得されるという点では同じであると私は考えます。つまり、「農・林・漁」に関わるということは、「人間は自然界の中で生かされている」という感覚を養うことができるということです。

このように「半農半X」は多くの可能性を秘めた「農」と「X」の組み合わせということなのですが、次に「X」とは何かということが問題になります。塩見さんの講義によると「X」のキーワードとして、天職、手仕事、アート、家族、地球、エコ、地域、コミュニティ、思索、精神性、情報発信という言葉が出てきます。社会に役立つ使命ということです。つまりそれは職場や地域、家庭でもいいのですが、自分が活動したり行動する「場」を持って、自分の持てる潜在的な能力を生かし、発信したり活躍したりするということでしょうか。そして「Ｘ」とは誰かに教えてもらったり決めてもらったりすることではなく、自分で見つけ出すことが必要になるということです。

塩見さんはこれを「た・ね」（種）という二つの軸で説明をされました。分子の「た」は「高く・たくさん・ＯＰＥＮ」で翼や風など上に向かう力、分母の「ね」は「根っこ・根源・ＢＡＳＩＣ」で風土や安全、持続可能性など下を支える力ということです。

学生たちにはここで三つのワークシートが配られます。ひとつめのワークは、「自分の型」、「自分のまち・むらの型」をつくることで、分子には好きなことや得意なこと、人生のテーマなどキーワードを自由に三つ記入し、分母には活動舞台、大好きなまち・むらなどフィールド名を書くというものです。ふたつ目のワークは、人生で叶えたい夢を八つ書くこと。三つ目のワークは、半径三キロで三三個の宝物（地域資源）を見つけて書き出すということでした。人・モノ・風景など自分のお気に入りのことなら何でも良いということです。

学生たちは、ひとつめのワークである自分の好きなことやテーマなどは割合に書けたようですが、分母の「場」となると、まだ一回生ですので大学と自分の住んでいる地域くらいしかかけないようでした。さらに二つ目のワークになると、ひとつふたつの叶えたい夢は書けても、八つとなるとほとんどの学生が埋めることはできず、半径三キロの宝物となると、これも意外に思いつかないようでした。

このワークで学生たちに求められるのは、いわゆる「自分探し」とでもいうのでしょうか。自分が何に興味や関心を持ち、今、どういう「場」で暮らしたり活動したりしているのかを再確認する。その上で自分の叶えたい夢に向かうために何をすればいいのか、今何ができるのかを棚卸するということのようです。はじめてのワークでしたので、多くの学生には空白が目立ちましたが、中には結構埋められた学生もいました。すでに何かボランティア活動をしている学生、自分の関心のあるテーマを持ってグループで活動をしている学生、クラブ活動に燃えている学生などは、サクサクと書いているようでした。東北の復興支援のためにボランティア活動をしている学生もいました。自分自身の棚卸のために毎年一回くらい、こうしたワークをしていくといいのかもしれません。

このワークが何を示しているのか、それはワークをやってみて自分で気が付くように、ということなんだと思いますが、「X」を探したり「X」に出会えたりするには、日々の小さな積み重ねの中で、誰かに出会ったり何かにつながったり、という連続が自分の「場」を作り、自分なりの行動や思考の「型」を創り出していくということではないでしょうか。そういう意味では、学生たちが「大学」と書いているのはもっともなことで、京都府立大学に入ることを夢見て頑張ってきた結果今ここにいる学生や、もっと上の大学を目指したけど行けなくて今ここにいる学生にとっても、「大学」という場は「結果」であるわけです。

そしてこの「大学」をベースとしている自分が何に興味を持って、日々どんな行動をしているのか、その積み重ねが次への「ステップ」となっていくわけです。見落としがちなのは、日々の小さな積み重ねだと言えます。「夢」というと何かとても輝かしい大きなことを思い浮かべますが、そういうことばかりではないと思います。「夢」を持つことで、自然と無意識のうちに興味や関心が夢に向かい、読む本や新聞紙面のあるテーマに関心が吸い寄せられるようになり、語り合える友達や仲間も自分のテーマに近い人たちに近づいていくようになり、人のつながりができ、コトのつながりも生まれて、いつか自分なりの「場」や「型」が創り出されていくのだと思います。半径三キロ以内の宝物探しには、自分が無意識に思っている夢のかけらを見つけ出すことなのかもしれません。

塩見さんはまた、こうした自分探しのためには思索の時間が大切だと学生たちに話されました。塩見さんは夜は九時ごろに寝て、明け方前の三時には起き、書き物をしたり思索をする時間を持たれるそうです。これはなかなかまねのできることではありませんが、一人の時間を持ち思索することは大事です。大人になって仕事を持つようになると、なかなか自分の時間を持てなくなって、自分の「場」を見失い、自分の「型」ではなく組織という「型」にはめ込まれてしまいます。そうなると、本来のあるべき判断ができなくなってしまい、仮に組織の判断が正しくなかったとしても、正しいと思い込むようになってしまいます。大人にとってもこのワークは大事だと思いました。

＊文化創造における個人の変革と進化　～生命誌の視点からの考察～

地域の自然と文化を基盤とした文化創造のプロセスにおいて、個人はどのような役割を果たすのでしょうか、などと問うまでもなく、文化創造の主体は個人なのですから、その役割が重要であるのは言うまでもありません。しかし、地域や組織の既存の価値観やマスコミやコマーシャルによって与えられた価値観を当然のように何の疑いもなく受け入れ、変革や進化を避けていたのでは、今日の様々な社会や環境の問題を解決していくことはできません。特に、３・11の大震災は、これまでの価値観や社会・経済の仕組みに限界がきていることを明らかにしました。変わらなければいけないのは、まず一人ひとりだということです。そういう意味で、塩見さんの講義が学生に与えたインパクトは大きなものがありました。学生たちの感想レポートは後ほど紹介することとして、前章では、文化を守るしくみは自然を守るしくみに似ているという話を繰り返してきましたが、個人レベルの意識や行動のあり方について、自然界の視点からその変革と進化のしくみについて考えてみたいと思います。

個人における変革と進化のしくみについて、生命誌を研究されている中村桂子先生が「生命誌の窓から」という著書の中で大変面白い話をされています。細胞は生きるために死のプロセスを踏んでいる。つまり「プログラムされた死」というものがあるというのです＊2。例えば、胎児の手や足の指ができる場合にも、まず指のない丸い形の掌《てのひら》全体が作られ、その後、指の間の細胞が死んで指が作られていくというのです。さらに、神経系ができていく過程では、伸びていった神経細胞が筋肉細胞と結合する必要があるのですが、その際には複数の神経が伸び、うまく筋肉細胞と結合したものが生き残り、結合できなかったものは死ぬというのです。効率性からすれば一対一で結合をした方が無駄がないと言えますが、それでは神経と結びつかない筋肉ができてしまうので、たくさん伸ばしておいて余分なものは死ぬというやり方の方が安全だというのです。これが「プログラムされた死」というもので、生命が誕生する過程だけでなく、生まれた後も私たちの体の中で新陳代謝という死を繰り返しているというのです。「生の中に死をはらんでいる」という表現をされたのは、宗教哲学者の山折哲雄先生でしたが*3、生命科学はそれを科学的に証明しているのです。

つまり、この原理を個人の生き方や考え方に照らしてみた時、ひとつの考え方や固定の観念に縛られていると、成長もしないし進化もしないということです。また、いくつもの可能性を見つけ出して広げておかないと、夢が結実しない可能性が高まるということが言えるわけです。一見ムダとみえる方法が、生きるために組み込まれているというのです。塩見さんのワークシートにあった「半径三キロ以内の宝物探し」や自分の好きなこと・テーマの「×」（乗・かける）には、一人ひとりの中には無限というと少し大げさかもしれませんが、まだ未発掘の自分の可能性が秘められていることが言い表されているのではないでしょうか。

さらに、生物の世界では「少し変わった存在」がとても大事な役割を果たすと言います*4。例えば大腸菌の中には、いつでも一兆個に一個くらいの割合で少し性質の変わったものが存在するそうですが、自分たちの棲む環境が変化した時など、新しい環境で上手に生きることのできる変わり者が増えて全体の活動を支えるというのです。進化という新しい性質を獲得した変化も、このようなちょっとした変わり者から始まることもあるといいます。塩見さんの著書やブログには、「半農半X」の生き方として、「半農半音楽家」、「半農半料理家」、「半農半豆腐屋」、「半農半麻紙アーティスト」、第一章で紹介した宮津の世屋地区の木子《きご》でペンションを営む「半農半ペンションオーナー」など、地に根付いた自分なりの生き方や暮らし方を始めている人たちがたくさん登場しています*5。時代の大きな変わり目において、こういうちょっと変わった新しい行動をする若い人たちが、大きな役割を果たしてくれるのではないかと期待しています。

もうひとつ、中村先生の生命誌の中で説かれている、これこそはという極めつけの原理をご紹介しましょう。それは、「あらゆる生命は皆DNAという物質を遺伝子として持っていて共通性を有するとともに、『唯一無二』である」ということです。皆同じだけれどみな違う、というのはまるで禅問答のようですが、これは偶然ではなく、仏教の教えや禅の語録でも同じような言い回しで真理を鋭く言い当てているのではないでしょうか。

まずはDNAという共通性についてですが、わたしは生物学の専門家ではありませんので、詳しくは中村先生の著書を読んでいただきたいのですが、DNAは三八億年前の生命の起源の時から今に至るまであらゆる生物の中にあり、大腸菌も象も人間も植物も起源は同じで、DNAがずっと情報を伝達し生物としての機能を保ってきたといいます。中でも興味深いのは、DNAには三つの機能があり、ひとつは増殖と遺伝という機能で「複製し伝える」こと、二つ目はタンパク質の生産と調整で「はたらき作る」こと、三つ目が進化と老化で「変わる」ことだそうです*6。細胞の中のひとつの分子の中に、「伝えること」と「作ること」と「変わること」の三つの一見異なる機能が兼ねそろっているのはとても面白いと思います。ということは、私たち人間、一人ひとりの中にも「伝えること」と「作ること」と「変わること」の三つの機能が総体として備わっているということではないでしょうか。この「蓄積・イノベーション・創造・継承」は、第一章でもお話ししたように文化創造のプロセスでもあります。DNAの機能と文化創造のプロセスは似通っているということなんです。DNAの進化のしくみではどうかわかりませんが、文化創造において大事であるのは、何を伝え、何を作り、どう変わるべきかだと思います。その何をどう？のところで生きてくるのが「知恵」であり「文化」であると私は考えます。

中村先生は、「どんな文明社会になろうとも、私たち人間は「ヒト」という部分—他の生き物たちと共通の四〇億年近い生命の歴史をもつ部分を背負っているのだという認識が重要である」*7とおっしゃっていますが、海や森に向かい合った時に感じる自然界との一体感は、感覚としてそう感じるだけではなく、科学的にもそれが証明されてきているということだと言えます。

人口が増え、文明が発達する中で、自然と直に触れながら生きる暮らし方から遠ざかってしまったことにより、「ヒト」としての生物感覚を徐々に見失ってきてはいますが、生命誌という新しい学問ジャンルから生命システムのことをもっと知り、自然体験や自然の中で過ごす時間をもっと増やすことで、生きものとしての感覚を取り戻し、人は本来どうあるべきか、人の社会はそのためにどんな仕組みであるべきかを考えていくことが大事だと言えるでしょう。中村先生は、知識としての生命システムの論理的理解と体験を通じた生物としての生きもの感覚を統合することで、人間としての知恵が生まれる。それは生命誌が文化として社会に存在することでもあると説いておられます。環境と文化の統合、すなわち自然科学と社会科学の統合を科学的に明らかにされた素晴らしい考え方だと思います。

社会学者の作田啓一先生は、人間はよりよく生きようとする「独立我」を中心として、「社会我」と「超個体我」の三つの次元に属しているが、社会的な地位や名誉・経済力といった社会に表れる「社会我」だけで人間を捉えようとすると本質を見失う。現実世界を超えた自然界との関わりや全宇宙へと溶解していく自我の存在といった超個体我を捉え、三つのバランスを取ることが重要としています＊8。

話を「あらゆる生命は皆同じだけれどみな違う」の内の「みな違う」、「唯一無二」に戻しましょう。なぜ人間は一人一人違うのか、ということについてですが、これも中村先生によると、人間はたった一個の細胞、受精卵から始まりますが、それは父親から半分、母親から半分ＤＮＡをもらってできた、全く新しい組み合わせのＤＮＡを持っていると言います＊9。兄弟姉妹でも同じという人はいません。この組み合わせは、四〇億年近い生命の歴史の中で、これまでにないものということになるわけです。

先ほどまでは生命体としての共通性について理解を深めてきましたが、自然界との一体性、共通性を持ちながら、同時に唯一無二である。これが私たち一人ひとりすべてそうだというのですから、改めて驚かざるを得ません。普段は全く気が付きもせず、ただ日常をなんとなく電車に乗ったり仕事に行ったり、家族とご飯を食べたり、お風呂に入ったり寝たりを繰り返しているだけなのですが、よくよくこうして考えてみると、自分の中に四〇億年近い歴史が組み込まれており、あらゆる生物と共通のDNAを持ち、それでいながら私という人間は過去にも未来にも二度と存在しない、たった一人、たった一度の瞬間に生きているのだというのですから、「生」にはまったくなんて深遠で哲学的な意味が込められているのでしょう。

第一章で、スロスビーの自然と文化を守るしくみは似ているという六原則の話をしましたが、一人ひとり異なっているという多様性、人間だけでなくあらゆる生物の多様性もそうですが、多様性があることで生態系が保たれていたり、社会の仕組みが民主的、平和的に保たれるのです。世界各国の現状では必ずしもそうはなっていないのが問題ですが、軍事独占体制からは平和は生まれません。理論的には生物界の原理で説くことができると言えるのではないでしょうか。相互依存性もそうです。あらゆる生命は他の生物や大気・水・土壌・太陽光や太陽熱といった環境とのつながりがなくては生きていけません。人間社会もそうだと思います。世代間公平もそうです。生物として命をつないでいくためには、生殖により次の世代を生み出さなければなりません。引き継ぐべきものは、「生命」だけでなく資源や環境とともに人間としての「知恵」もそうだということです。有形と無形の総体としての文化を、人間のDNAとして引き継いでいかなければならないということです。

「半農半X」から生命誌へと、ずいぶんスケールの大きな話になってしまいましたが、「農」はそういうわけで生命の起源に行き当たることであり、共通して持つべき基盤の世界だと言えます。そして、塩見さんのワークシートにある半径三キロ以内の宝物探しは、四〇億年の生命の歴史を背負った唯一無二の自分探しでもあるわけです。「X」は、生態系の相互依存性の法則と同じで、人や社会とのつながるためのミッションということでしょうか。つまり「半農半X」とは、「あらゆる生命は皆DNAという物質を遺伝子として持っていて共通性を有するとともに、社会へのミッションとしては〃唯一無二〃である」という生命誌の論理を、今の自分の生き方に反映させる方法だということが言えるのではないでしょうか。

塩見さんは「X」を天職だともおっしゃっています。自分にしかできないことが必ずあるはずだと。なぜならば、私たち一人ひとりは、あらゆる生物と唯一無二であり、持てる能力や考え方も誰とも異なり、時間の流れの中においても、今を生きているのは自分しかいないからです。

中村先生の生命誌の話は興味が尽きません。ミトコンドリアは生物の時間に習ったおなじみの細胞ですが、生物の進化の中でとても大事な役割をしているそうです*10。ミトコンドリアが生まれたプロセスを簡単に説明すると、今から三五億年前の原始地球の海の中で、今日の生命の基となるいくつかの細胞が生まれ、海の中の栄養分を取り込んで分裂して増え、それぞれに進化をしてきました。やがて海の中にあった栄養分がなくなってくると、太陽光を利用して自分でエネルギーを作り出す細胞が出現したそうです。これがミトコンドリアなのですが、海の中の大きな細胞はこの小さなエネルギーを作り出す機能を持った細胞を取り込み、ともに共生してきたというのです。そして共生している間に、ミトコンドリアは通常の細胞が持つDNAの機能を変化させ、大きな細胞の持つ核のDNAのはたらきがなければ存続できないしくみに変わっていったというのです。

「共生」という言葉は、生態学でも植物と昆虫の関係や、魚類が専門の川那部浩哉先生による長年の研究成果によって、魚類での競争的協同といった共存のしくみがあることがわかっていますし*11、私たち人間社会でも、「人と自然の共生」といった使い方をします。これはそもそも、生命の起源である細胞の進化の過程で、すでに共生が重要な役割を果たしてきたということと関係があるのではないでしょうか。互いの役割を担いあい、補いあって共に生きていくということが、生物の基本として組み込まれてあるという事実は、私たち人間社会を構成する一人ひとりにおいても、これに学ぶべきことがあると言えるのではないでしょうか。

これまで見てきたように、DNAが持つ三つの機能、「伝えること」と「作ること」と「変わること」、生命体として共通性を有するけれども唯一無二であるということ、そして「共生」ということ。これらはすべて、「ヒト」という地球生命体の中で生きる生物が、「人間」として社会を形成していく上で学ぶべき原理と言えるのではないでしょうか。人間としての知恵をはたらかせ、新たな価値を創造し、次世代へより良い文化を引き継いでいきたいと思います。

【特別寄稿】

我々は何をこの世に遺して逝こうか

半農半X研究所　塩見直紀

いまから百年以上前の一八九四年（明治二七）のことです。在野のキリスト教の思想家・内村鑑三は箱根において、「後世への最大遺物」と題する講演をおこない、多くの聴衆にこう問いかけました。「我々は何をこの世に遺して逝こうか。金か。事業か。思想か」。この講演は岩波文庫に収められ、版を重ね、今なお多くの人びとの精神を鼓舞し続けています。

二八歳のとき、私はこの本に出会い、大変衝撃を受けました。内村は何歳の時、この講演をしたのだろう。調べてみると、三三歳であったことに驚きました。会社から家路へと向かう電車の中でこの本を読み終えた私は自分にこう誓いました。「三三歳で新しい人生を始めよう」と。結局、私は三三歳と一〇ヵ月で会社を卒業しました。大きな船を下り、自分が船長の小舟に乗り替えました。大きな船は快適だったのですが、自分で向かう先を決めることはできません。いまは荒波の時代です。小舟は大変ですが、自分の針路を、未来を自分で決めることができるのは大事なことだと思っています。

いま思えば、二〇代の半ばころ、「後世」以外に時間軸系のキーワードに二つ出合っています。一つは、ネイティブアメリカン・イロコイ族の「七世代後」という考え方です。一世代三〇年といわれるので、二一〇年先の子孫のことを念頭に置いて、政（まつりごと）をするという思想です。二つ目はまだ生まれていない世代をさす「将来世代」。「後世」「七世代後」「将来世代」。二〇代、未来軸系のキーワードに三つ出合ったことで、私は周囲よりすこし、「後の世」を意識し、配慮できるように変われたと思っています。

今回、縁あって京都府立大学でお話する機会をいただきました。「公共政策」という学部をみなさんのような若さで選択できるというのは、すばらしいことだと思っていますみなさんが各自のXを見つけ、天職に就き、よき時代を創造するために献身されますことを期待しています。

今どきの学生④

塩見直紀さんの講義を聞いて

福祉社会論　第三回講義レポートから抜粋

Q：「塩見直紀さんの講義を聞いて感想・意見を書きなさい。」

・「半農半X」という言葉を初めて聞き、どんな意味かと思っていましたが「X」には様々なものが当てはまり、多様性が生まれると思いました。

・今の時点では「半農半学」ですが、大学生のうちに学ぶことは沢山あり、小さな農も学びのひとつになると思いました。

・田舎のおじいちゃんおばあちゃんはいつも笑顔で畑仕事をしていてとても幸せそうですが、農はお年寄りだけの仕事ではないということに気がつきました。自分に合った農への参加の仕方を考えてみたいです。

・「半農半X」という考え方は、社会全体にとって、地球全体にとってそして個人一人ひとりにとって、すべてをポジティブな方向へと導くものだと思いました。

・「半農半X」という生き方に共感する人は多いと思いますが、多くは今の生活から脱却することができないのではないかと思います。自分自身も大学を出たら会社に就職してバリバリ働いて経済的に豊かになるという価値観に縛られています。「半農半X」という生き方を選んだ人たちは僕よりも「勇気」があると思いました。

・もし自分に子どもができて、その子たちに負の遺産を残すことになるとしたら心が痛みます。今日一日の講義で自分のライフスタイルが変わることになるかはわかりませんが、自分には全くなかったものの考え方を知ることができて有意義でした。

・地域社会の中で支え合いながら土を耕し、プラスアルファとしてそれぞれのXを追求していくというのが私の理想です。物質的充足＝幸せという図式は成り立ちません。

・小さい時からおもちゃなど与えられる物からは幸福感より窒息感を感じてきました。そういう世代が大人になりだした今の時代は、「半農半X」を進めるのに有利なのではないでしょうか。

・塩見さんの住んでおられる綾部は私の地元の隣の町です。見せていただいた写真や暮らしぶりは私にとっては当たり前のことばかりでしたが、視点を変えてみると特別に見えることがたくさんあると思いました。今は都会で下宿生活をしていますが、自分は田舎の生活も経験できて幸せな気がしました。

・「人生で叶えたいこと」を書き出すワークで、普段から何気なく思っていた願望があるはずなのに、さっぱり出てこなくてショックでした。

・こういう話はもっと早く、高校生のころに聞いておけばよかったと思いました。本当は音楽の道に行きたかったのに、親とか周りを見ていて何の疑いもなく大学進学の道を選んでしまいました。

・私は自分を豊かにすることで地域社会が豊かになると考えます。ライフスタイルと地域社会づくりはすごく関わりがあることが確認できました。

・塩見さんの地元の写真を見て、田舎の場面にはどんな時でも人と自然が共生していると実感しました。

・いずれ社会人になり何かしら社会に貢献するのであれば、小さな夢を抱くのではなく、大きな夢を抱き人生にチャレンジしていきたいと思いました。

・塩見さんのお話を聞いて、自分の故郷は田舎なのですが、自分の故郷に誇りを持とうと思いました。田舎が嫌で少しでも都会に出たくて京都に来ましたが、やっぱり自分を育ててくれた故郷は偉大だったんだなと改めて思いました。

・もともと農業は嫌いでないしそういう場所で育ってきたので、自分のベランダで少しでも土に触れられたらいいなと思いました。

・「半農半X」は新しい地域社会のあり方や自分自身のあり方について、みんなで考えていける方法のひとつだと感じました。ライフスタイルと地域社会づくりを結びつけて考えたことはなかったので、とても斬新で興味を持てました。

・田舎の写真の中で塩見さんが「田んぼの一番の肥料は作り手の足音だ」とおっしゃったのには驚き、なるほどと思いました。

・都会での生活があまりにも便利になりすぎて自然から遠ざかっているからこそ、ベランダ菜園でも子どもと虫取りに行くのでも何でもいいので、自然に触れ合うことが大切だと思いました。

・「半農半X」の考え方では、一人ひとりに合ったことをすることができ、ストレスを感じることが少なくなり人間にとっても環境にとってもよい生き方だと思いました。

・私は「X」にあたる夢があります。それは公務員として障害者福祉に貢献することです。しかし「半農」については今まで考えたことがありませんでした。エネルギーの問題や環境の問題は技術開発で何とかなるだろうと楽観視してきたからです。

・塩見さんのお話の中で「一万時間使えばプロフェッショナルになる」という言葉がとても印象に残りました。自分のテーマを持って生きるのとそうでないのとでは密度が天と地ほど違うと思いました。

・「農ある暮らし」を強要されたらかなり抵抗があると思いますが、「半農半X」なら自分の好きなことも生かせるし今の時代に合っていると思いました。

・「X」は加減乗除の「乗」であり、「農」とかけることでいろいろな発想や技術とのコラボレーションが期待できると思いました。

・毎日の作業の効果がはっきりと見える農業は、先がどうなるかわからないような現代の中でも私たちに充実感を与えてくれるのではないかと思います。

・自分は地域社会のつながりを大事にすることを仕事にするため、公務員を目指していますが、塩見さんのお話を聞いてきて「半農半コーディネーター」としていろいろな人の「半農半X」を支援し、コミュニティを作っていくこともできそうな気がしました。
・塩見さんのお話は、今まで考えたこともないような発想で、自分のこれからの人生において役立つものでした。今日の講義に出ていなかったら、自分の型や夢というものを考える機会はなかったと思います。
・私は京都市内で生まれ育ってきましたが、塩見さんのお話を聞いていて、もっと自然を感受できるような社会で育ってきたかったなと思いました。
・綾部のことを話される塩見さんの表情がとても温かかったのを見て、自分の生まれた土地のことをもっと知りたいと思いました。
・企業に就職して自分が魅力的に思う活動ができるのか不安に思っていました。自然が好きなのでそういう環境で生活して自分がやりたいことに打ち込める生活がしたいと思いました。「半農半X」に魅力を感じました。
・塩見さんの写真を見ていて、ふと「さつきとメイ型社会」が頭に浮かんできました。何でもない田舎の風景、農作業しているところや山や川など、その何でもない風景がとても大切なものであることがありありと伝わってきました。
・自然と折り合いをつけ、今あるものを有効に利用していくという精神を身につけ、継続力を持つことが、これからの社会をより良いものにしていくために欠かせないと思いました。
・お年寄りから子どもまで、人の輝くところを見つけていくのが大事だとおっしゃったことがとても印象に残りました。そのためには小さなサイズのコミュニティが改めて大事だと感じました。

・塩見さんの写真の中に曲がりくねった道やでこぼこ道があり、これまで気が付いていなかったのですがとても魅力的に感じました。人の生き方もまっすぐ進むだけじゃなくて曲がったり遠回りしたりしたらいいなと思いました。

・土や植物に触れ、人間中心主義から離れることで、笑顔ややさしさが生まれて地域社会に変化が生まれるんだと思いました。

・無縁や孤独が広がる社会で、一人ひとりに光を当て、その人が輝けるものを見つけていくことが大切だとわかりました。

・3・11後の日本社会を作り直していく上で、「半農半X」という生き方は多くの問題を解決してくれる糸口になると思いました。

・自分のやりたいことを仕事にする「半X」という考え方に賛成です。大学生が同じスーツを着て就活しなければならないという状況は変えるべきです。「半X」という考え方が浸透すれば就職にも価値観の変化が起こるのではないでしょうか。

・内村鑑三の「我々は何をこの世に遺して逝こうか。金か、事業か、思想か。」という言葉には考えさせられました。正直な話、世の中はお金に合わせた動きをしているように思え、自分もそのようになるであろうと漠然と思っていましたが、もっとやるべきことがあるのではないかと気づかされました。

・「農業をしている時にアイデアが浮かぶ」という話を興味深く聞きました。私も自然の中ではいつもと違う考え方をすることがあるので、「半農半X」というライフスタイルは、現代の日本に新しい考え方を生み出すのではないかと思いました。

・今の日本では都市化が進んだ便利な地域と過疎地域があり、私は過疎地域を何とかしなければならないのだと思っていましたが、今日のお話を聞いていて、その地域には豊かな自然があり、その中では豊かに生きることができるのではないかと思いました。

＊1 塩見直紀氏の主な著書。『青年帰農～若者たちの新しい生きかた～』（増刊『現代農業』農文協、二〇〇二年、共著）、『半農半Xという生き方』（ソニー・マガジンズ、二〇〇三年）。同書は二〇〇六年に台湾で翻訳出版され、二〇一一年五月時点で九刷を数える。公式ブログ http://plaza.rakuten.co.jp/simpleandmission/
＊2 中村桂子『生命誌の窓から』一九九八年、一一五～一一八頁。
＊3 山折哲雄『わたしが死について語るなら』二〇一〇年。
＊4 中村桂子『生命誌の窓から』、一五二～一五四頁。
＊5 塩見直紀『塩見直紀と種まき大作戦「半農半Xの種を播く」』二〇〇七年。
＊6 中村桂子『生命誌の世界』二〇〇〇年、六一頁。
＊7 中村桂子『生命誌の世界』、二五～三二頁。
＊8 作田啓一『三次元の人間―生成の思想を語る』一一一～一一五頁。
＊9 中村桂子『生命誌の窓から』、一六二～一六四頁。
＊10 中村桂子『生命誌の窓から』、一六五～一六七頁。
＊11 川那部浩哉『生物界における共生と多様性』一九九六年、四二～四八頁。

第三章

中国とブータンの社会づくりを考察する

1　中国の開発と環境問題から考える

第一章、第二章と、日本の主に京都の事例をもとに、環境と文化の関係を考えてきました。ここからは少し視野を広げて、アジアの国々の事例を基に考えていきましょう。

中国では、黄土高原の砂漠化の抑止と所得格差の是正を図るため、大規模な退耕還林政策が進められています。二〇一一年九月に行った現地調査等を基に、退耕還林政策が農村地域の生活と文化に与えている影響を一緒に考えてみましょう。

本論に入る前に本書の基となった調査について少し説明をさせていただきます。この調査は、龍谷大学社会科学研究所の北川秀樹教授を代表とする「西安日中ワークショップ・乾燥地における開発と環境保全」及び総合地球環境学研究所のＦＳ（Feasibility Study）研究「東アジア生業交錯地域における水と人間の歴史と環境」代表者、学習院大学村松弘一教授の主催により、陝西省森林資源管理局の協力のもと行われました。このような本格的な海外調査は私にとって初めてでしたし、大変良い経験になりました。「西安日中ワークショップ」での発表内容は、論文集として中国語で編集され、冊子になりました*1。調査に誘っていただいた龍谷大学の北川秀樹先生には心から感謝申し上げます。そして、北川先生はじめ調査をご一緒させていただいた、窪田順平総合地球環境学研究所准教授、村松弘一学習院大学教授、松永光平総合地球環境学研究所研究員(当時)、谷垣岳人龍谷大学講師、金紅実龍谷大学講師、何彦旻京都大学大学院経済学研究科院生、寇鑫龍谷大学大学院政策学研究科院生、賈瑞晨中国科学院水利部水土保持研究所研究員には、一方ならぬお世話になり、この場をお借りし深く感謝を申し上げます。

また、中国側の陝西省森林資源管理局の郭俊栄副局長、陝西省林業庁漆喜林総工程師はじめワークショップでご一緒させていただいた皆様、現地視察の案内をしてくださった皆様にもこの場をお借りして厚くお礼申し上げます。

（調査概要）

主催……龍谷大学社会科学研究所、総合地球環境学研究所

協力……陝西省森林資源管理局

通訳……金紅実（龍谷大学）、何彦旻（京都大学）、寇鑫（龍谷大学）

期間……二〇一一年九月四日~九月九日

テーマ……中国・乾燥地における開発と環境保全

内容……西安日中ワークショップ

「乾燥地における開発と環境保全」（陝西省森林資源管理局会議室）
現地視察
楡林市神木生態協会植林モデル事業、紅碱淖、楡林市神木県大柳塔鎮炭鉱開発地、陝西楡林珍稀沙生植物保護基地、楡林市楡陽区林業局

＊本章は、二〇一二年、京都府立大学福祉社会研究会『福祉社会研究』第一二号、一二三〜一三六頁に掲載した「中国・黄土高原における開発と環境政策の現状から考察する文化の機能」を基に加筆したものである。

＊はじめに

開発と環境保全をめぐる問題は、紀元前数千年に人類が社会を形成し文明を築き始めた頃よりすでに顕在化しており、過剰な農耕作と資源開発により滅亡したシュメール文明、マヤ文明など、人類の開発と発展の歴史は、環境破壊と文明の滅亡の歴史であったことを多くの科学者が指摘しています[*2]。四大文明の内、唯一存続しているといわれる中国文明においても、黄河流域は、古代は豊かな森に覆われ大型の哺乳類が生息していたといわれていますが、殷の時代（前一六〇〇年〜一一〇〇年頃）になると巨大な都市建設や墳墓の造営と青銅器の鋳造のため、材木や燃料として大量の樹木が切り倒され、森林は急激に減少し、その後の春秋・戦国時代（前七七〇年から前二二一年）は戦乱の世となってさらに森林伐採に拍車がかかり、原野も

次々に開墾されて黄塵が舞う乾燥地帯へとその姿を変えていったということです＊3。以来、二〇〇〇年以上を経た今日まで、砂漠化の進行と洪水の多発など、黄河の氾濫は時の為政者を悩ませてきました。こうした中で一九九八年に起こった長江大洪水をきっかけとして、また、急速な経済成長政策とそれに伴う所得格差の解消策とも相まって、中国政府は大規模な緑化政策である退耕還林政策を取り始めました。

この章では龍谷大学社会科学研究所及び総合地球環境学研究所による合同調査を基に、退耕還林政策や大規模炭鉱開発に見られる中国政府の環境と開発の政策が、農村地域の人々の暮らしと文化に与える影響を明らかにします。ただ、今回の調査は、陝西省の行政関係者の方に現地を案内していただき、限られた日程の中での調査でしたので、農村に暮らす人たちの暮らしぶりや文化の様子、人々の考え方や意見などを聴取することができませんでした。それは今後の調査の課題としたいと思います。

＊考察の背景と論点整理

調査概要の説明に入る前に、もう一度文化の定義をおさらいし、どういうねらいで中国西北地域の調査・研究するのかを整理しておきたいと思います。

これまでも繰り返し述べてきましたように、文化とは、人間が自然との関わりの中で見出してきた知恵や工夫、共有されてきた慣習や価値観、思想の総体であるといえます。私が文化と環境の問題を考察する調査対象として中国に関心を持ったのは、かつて中国にはインドから伝播した仏教が国政と人々の暮らしに大きな影響を与え*4、やがて日本へも伝えられてきた経緯があるからです。仏教思想には、「人間を自然の中で生かされている存在」とする世界観や価値観が含まれており、仏教思想が文化形成に与えてきた影響は大きいと考えます。しかしながら両国は、その歴史的な国家形成のプロセスの中で、その思想を見失ってきました。そこで、中国と日本、次に紹介するブータン王国の発展過程とその思想的背景の変遷を比較することは、持続可能社会の形成やその根本的なあり方に一つの示唆を与えることになると考えます。

今日、中国はかつての日本の経済発展のスピードをはるかに超える勢いで急速な経済成長を果たしていますが、環境保全とのバランスという点において大きな課題を抱えています。これから詳しく紹介するように、中国の環境政策として大規模に進められている退耕還林政策においても、農民の生活文化が破壊され、将来にわたる問題として懸念されはじめています。一方日本は、環境と経済の両立を図ってきた環境先進国と評価されてきましたが、東日本大震災による原子力発電事故など、これまでの環境政策が不十分であったことが明らかになってきました。

歴史を振り返りますと、文化が国家政策に利用され人々の生活にも大きな影響を与えてきたことが、森三樹三郎先生の『中国思想史』、佐藤弘文先生の『日本思想史』、浅野裕一先生の『古代中国の文明観』などによって明らかにされています*5。一方で、各国の農村漁村地域においては、耕作や放牧、漁労を通じて、自然システムを損なわない知恵や工夫が創り出されてきたことが、秋道智彌先生、室田武先生らによるコモンズ論として明らかにされてきました*6。日本における環境と文化の関係については、山折哲雄先生などの宗教・哲学者による功績もありますが*7、環境問題と社会学的観点からの共同のしくみとしての文化との関わりについてはまだまだ研究の余地があると考えます。

また、日本と中国では歴史的な経緯や国家発展の経過が異なりますので、こうした点に注目して比較しながら、環境と文化の問題を分析していくことも大事だと思います。現在、中国における環境に関する研究は、技術や法制度面からのアプローチが中心になりがちです。しかし、退耕還林政策による農村文化への影響については、小長谷有紀先生や、佐藤慶也先生、賈瑞晨先生などにより進められてきています*8。

「文化」は、国家的政策として用いられることもあれば、農村生活における地域文化、農村文化として人々の暮らしの中で蓄積され引き継がれてきたものもありますので、双方向からの影響を考察し、文化創造のプロセスを分析する必要があると考えます。

私はこのような研究関心を持って、初めての中国調査に同行したのですが、先にふれたように今回の調査では、農村地域での農民へのヒアリングを行う機会がありませんでしたので、農民の生活文化の実態やかつての中国を支配していた思想が今日の社会や人々の生活の中にどのように影響を残しているのか、または全く影をひそめてしまったのかといったことまで調査することができませんでした。初めての調査ですのでそれは無理からぬことですが、それは今後の研究課題とすることとし、ひとまずここでは、諸先輩方の調査・研究による文献資料を参考にしながら、現地調査の結果から考察される問題を明らかにし、今後の研究の足掛かりとなるよう論点を整理したいと思います。

＊黄土高原における退耕還林政策

それではまず、今回の調査の基となった中国の退耕還林政策について説明していきましょう。中国政府は、一九九八年に起こった長江大洪水と一九九九年に中国内地に大きな被害をもたらした黄砂の発生をきっかけとして、黄河・長江流域の乾燥地域における水土保全と砂漠化を抑止するために、一九九九年から退耕還林政策を実施してきました。退耕還林政策とは、傾斜地での農耕と羊などの放牧を禁止し、造林により生態環境を回復するもので、約一五〇〇万ヘクタールでの耕作を禁止し、その周辺地域を併せ、三二〇〇万ヘクタールに新規造林を行うという壮大な造林計画のことです＊9。日本の国土面積は約三七・八万平方キロメートルで、ヘクタールに直すと、三七八〇万ヘクタールですので、中国の新規造林面積は、なんと日本の国土の約八五％に相当するというものです。そもそも日本の面積は、中国の一〇〇分の四くらいしかありませんので、中国大陸の広さからすれば新規造林面積はわずかでしょうが、日本の国土の七割が森林面積と言われるのと比べてみても、その広さが桁違いであることがよくわかります。

退耕還林を命ぜられた農民は、その場所での耕作や放牧が禁じられますので、政府が指定した地域へ集団移転させられます。そして食糧などの物資や補助金が提供され、移転先の農地で政府や省の指導の下、新しい農業経営を始めることとなります。二〇〇〇年三月に、国家林業総局・国家発展計画委員会・財務部が連名で発布した「二〇〇〇年長江上游、黄河上中游地区退耕還林（草）実験示范事業の展開に関する通知」によれば、退耕還林政策の四つの意義として、①過剰食糧の消費、②生態環境の改善、③農業構造の調整、④西部地域の貧困の撲滅、が挙げられています。このうち、①の過剰食糧の消費とは、当時、政府が余剰穀物を大量に抱えており、穀物価格の下落が問題となっていたため、これを生態移民の農家に無償提供することで両方の問題解決を図ろうとしたとされています＊10。

また、二〇〇一年三月に発表された中国の第一〇次五ヵ年計画（二〇〇一〜二〇〇五年）における西部大開発の五つの柱は、①インフラ建設の加速、②生態環境の改善と整備、③産業構造の調整と合理化、④科学技術と教育の発展、⑤改革の深化と対外開放の拡大、でした。中でも中央政府は①のインフラ整備と②の生態環境の改善を重視し、この二つの分野を最優先課題として取り組んできました＊11。

＊陝西省延安市呉起県での退耕還林政策事例

今回の西安ワークショップで報告のあった、陝西省森林資源管理局、郭俊栄副局長の「乾燥黄土高原における退耕還林の十年間」をもとに、呉起県での事例の概要と省としての政策方針を紹介します。

呉起県では、一九九八年に国の要請に応じて、率先して退耕還林の実施を開始し、全県の六鎮、六郷、一六四村、一一一〇村民グループ、二万二八〇〇世帯、約一〇万人（県内人口の九〇％以上）を動員して実施されました。これまでに造林された面積は、累計約二四三万畝（約一六二〇平方キロ、約一六万ヘクタール）＊[12]、国からの補助金は一一・八億元＊[13]に達するといいます。

移住した農民は、耕作面積は小さくなったものの、整備された農地とハウス栽培により、ナス、スイカ、モモ、花卉などが天候に左右されることなく栽培できるようになり、また、プラスチックマルチ栽培によるジャガイモや特産物としてのソバ、ナツメ、アンズなどの栽培なども進み、農作物による収入が増加しました。また、呉起県での畜産業の主体であった羊飼いは、過度の放牧により羊が草や樹木の根までも食い尽くしてしまうため、これまでの放牧が禁止され、畜舎での養殖が命じられました。

これらの生態移民政策の結果、かつては農村人口六二七四人の約九割が農家でしたが、一七・八％に減少し、石油石炭業、建築業、輸送業、飲食業など農村人口の五七・八％が町での出稼ぎ労働者となったといいます。このうち、石油石炭業、運輸業は、このあとで紹介する陝北地域での炭鉱開発に従事する労働者です。退耕還林政策前の農家の主な収入源は農業でしたが、政策実施後の主な収入源は①出稼ぎ労働（四二・七五％）、②農業収入（三三・〇七％）、③退耕還林による補助金（二四・一八％）となり、出稼ぎ収入中心の生計となりました。

退耕還林政策前、農家はいくら働いてもわずかな収穫しかなく、ぎりぎりの生活を余儀なくされていました。しかも、過度の放牧や粗放型栽培に加え、樹木を薪として伐採してきたため、生態環境は悪化する一方だったそうですが、退耕還林政策により、農家の収入は増え、緑化による生態環境の改善が図られたといいます。

農民の意識も変化し、かつて地元の人が描く「幸せ」とは、「田んぼ数畝、牛一頭、家族がそろって寝られる温かいオンドル」であったそうですが、そうした生活は一変しました。さらに、かつては「家にいれば万事が順調であるが、家を出ると一歩も動けず」といった伝統的な観念や習慣があったそうですが、今は積極的に町に出て働くことができるようになったといいます。

黄土高原という乾燥地帯で生活する農民にとって、退耕還林政策は三つの口、「人の口、竈の口、家畜の口」に関わる死活問題であるといわれています。人間が口にする食糧問題を解決しなければ、再び森林を伐採して耕作する。竈《かまど》で焚く薪がなければ、森林はまた伐採される。家畜が食べる草がなければ、また植生を食べてしまいます。この三つの問題は相互に関連しており、政府及び省としては、これらの問題を解決するため、退耕還林政策の推進に力を入れているというのです。水土流失を食い止めることは、現存の森林植生を保護し、林業と農業、畜産業を強調して発展させることにつながります。また、陝西省北部の炭鉱開発による経済発展の背後で、まだ多くの農家に貧困家族があり、一部地域では貧困格差が拡大しているといいます。こうした農家を貧困から脱出させるためにも、近代的な特産農業を発展させ、多元的な経済発展を進めることが重要であるとされているのです。

＊経済林の植林を進めるＮＧＯ神木生態協会の視察から

西安でのワークショップの翌日は、飛行機で西安市から七〇〇～八〇〇キロ北にある楡林《ゆりん》市へ移動しました。楡林空港からはさらに車で二時間ほど移動し、神木《しんぼく》県毛烏素《ムウス》砂漠へ行きました。道中の高速道路の周辺は、かつては草木も生えない砂地だったそうですが、植林活動の成果によって、丈は七〇～八〇センチほどですが苗木が育っていました。植林計画を推進する大きな看板が、それぞれの町の入り口に立てられています。

ここでは、神木禿尾河水源区水源保護モデル事業として二〇〇二年から退耕還林による植林活動を行っているＮＧＯの神木生態協会の張応龍氏にお話を聞きました。モデル事業地区の広さは約三〇〇平方キロメートル。活動当初は流砂の状態で草木の被覆率は全体面積の二％程度だったそうですが、現在は約六〇％に広がったといいます。この一帯は地下水が豊富にあり、一～二メートル掘ると地下水が出るそうです。現在のモデル事業地区の維持管理費は、年間約二五〇万元ですが、二〇〇八年ごろからようやく自立経営ができるようになったそうです。ＮＧＯの職員の方もいらっしゃいますが、植林や収穫の作業はすべて地域住民のボランティアだそうです。日本からも企業や団体のボランティアの方がたくさん来てくれたそうで、ＮＧＯの事務所に写真が掲げられていました。協会の会員は約五〇〇名ということで、かなり大きな団

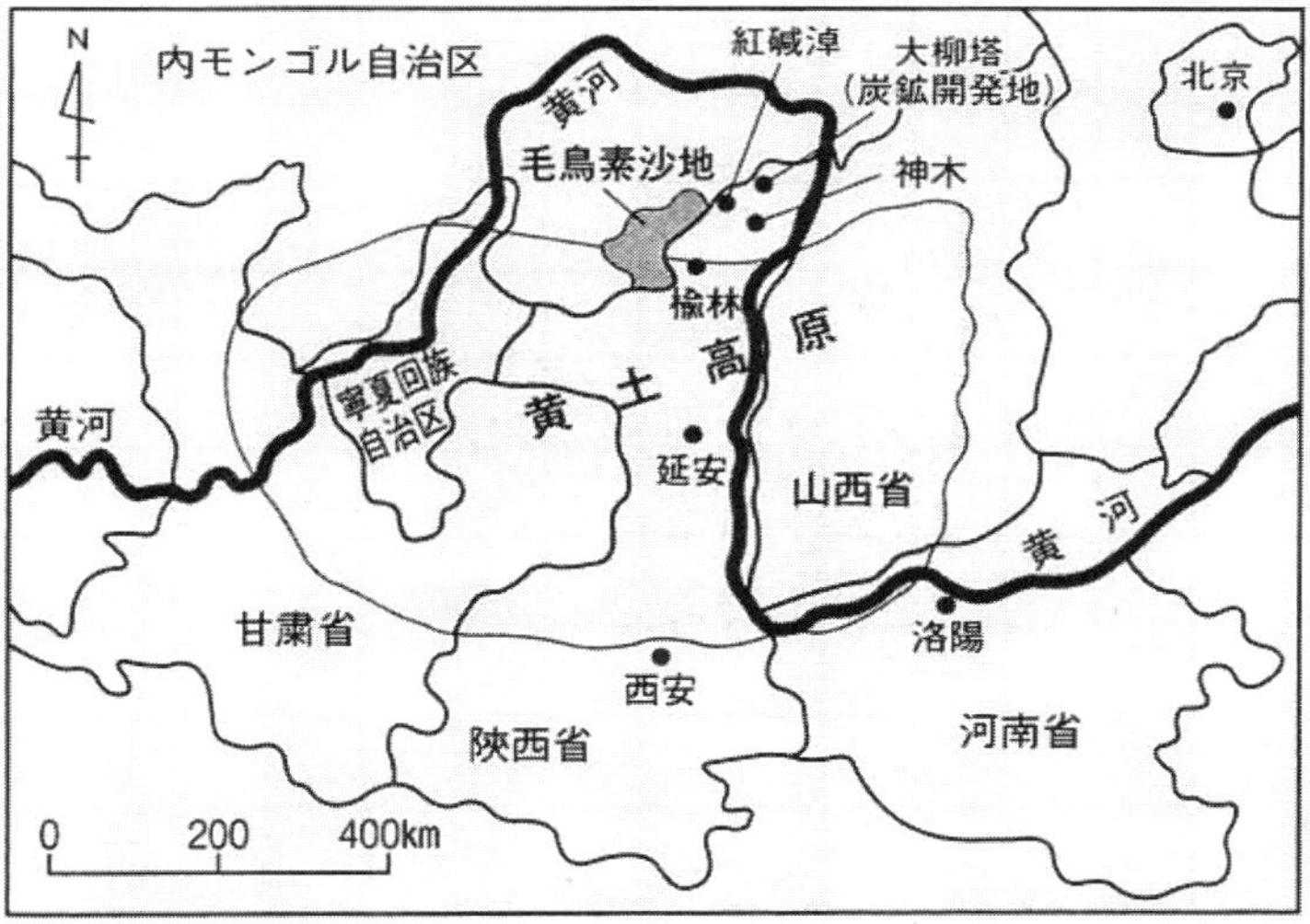

陝西省調査地地図（深尾葉子他 2000年を参考に作成）

黄土高原・神木生態協会による植林地

体です。

ちなみにNGOの事務所は、廃校になった学校を活用されていて、これまでの約一〇年間の活動の歴史が、写真やパネルなどで紹介されていました。一〇年前は、本当に砂漠地帯で、黄土色のさらさらな地面に穴を掘り、一本一本苗木が植えられていく様子が写されていました。その部屋はボランティアの方たちの休憩所も兼ねているようで、マージャンの台がいくつか置いてあり、地域の人たちの遊びの文化を垣間見た気がしました。この事務所で昼食をごちそうになりましたが、いずれも地元産の野菜や鶏肉などで、トウガラシの香辛料がふんだんに使ってあり、私はあまり食べられませんでしたが、砂漠地帯とは思えないような豊かな食卓でした。ただ、水は蛇口からいくらでも出てくる、というわけにはいかず、汲み置いた水を洗面器に取り、手を洗わせていただきました。おトイレも外にあり、ウワサに聞く壁の仕切りがあるだけのトイレでした。でも、お天気も良く開放感もあって、砂漠地帯の乾燥した風を心地良く感じました。

ＮＧＯの会議室は近代的な情報機器が揃っており、パワーポイントで活動の説明を聞きました。年間降水量150mmという少雨の気候条件の中で、生育可能な樹種として、以前からこの地域に自生していた「長柄偏桃」（スモモ）を育苗し、植林されてきたそうです。この樹の良い点は、砂地に強いことと実が多く結実し、いろいろな用途に使えることです。実は絞ると食用油やエタノールなどにも使えるそうで、食用油としての成分分析を西北大学で実施してもらったところ、アミノ酸やミネラルを多く含み、クルミや茶の葉、オリーブオイルに比べても良い成分であることがわかったといいます。また、ビタミンB、Eを多く含み、老化防止と抗酸化作用があり、化粧品としても使えるという優れものであることがわかりました。私も中国製品ではありませんが、アプリコットオイルを顔のマッサージオイルとして使っていますが、とても調子がいいので、それとよく似た成分なのかもしれません。

緑化の被覆率が向上したことで、乾燥地域の気候が改善され、水の涵養能力が上がり、水質も良好になってきたそうです。現在はまだ試作段階ですが、「長柄偏桃」の実が様々に商品化され、収入が得られるようになれば、緑化と経済の両立が図られるため、省や県、大学なども「長柄偏桃」の生育拡大に期待し力を入れている様子でした。楡林市では、新しい「百万畝長柄偏桃生産地基地の建設計画」を立て、さらに拡大生産による経済効果を期待しているとのことでした。

＊黄土高原における炭鉱開発政策

毛烏素《ムウス》砂漠の視察の翌日は、神木県大柳塔鎮の石炭炭鉱開発の現場を視察しました。視察調査の結果に入る前に、陝北地域の石炭鉱山開発の現状について、西安ワークショップで発表された西北政法大学、張炳淳准教授、西北大学都市環境学院、梁麗華氏並びに陝西省林業庁治砂弁公室、漆喜林氏による報告を基にまとめてみます。

陝北地域は、黄土高原の中心に位置し、石炭、天然ガス、岩塩資源が豊富で、エネルギー化学工業の発展に適した地域として、資源の掘削、開発が進められています。しかしながらこの地域は、風砂地帯と丘陵地帯、溝や谷の深い溝壑地帯に属しているため、植生被覆率が低く、干ばつや嵐、暴風雨、砂嵐などの自然災害も多く発生し、水土流失や草原の退化、砂質化が進むなど、生態環境が極めて脆弱な状態となっています。陝北地域の石炭は、一般的に地下一〇〇～三〇〇メートルに埋蔵されており、石炭層が掘りつくされると、そこが空洞化し、周辺から地下水が集まってきます。これによって周辺地域の地下水位が、一部地域では一〇～一二メートル下がり、地域によっては地下水が枯渇した所もあるといいます。また、石炭採掘により、最大二メートル巾以上、深さ一〇メートルを超える地割れや、最大二・八八メートルの地盤沈下、深さ一〇～三〇メートルに及ぶ陥没の発生、さらには土地の砂漠化や水土流失も深刻化し、耕地面積の減少、農業生態環境の悪化、大気汚染や水質悪化などの環境問題を引き起しているのです。

楡林市の炭鉱開発による環境破壊は進み、二〇〇七年末までの地盤空洞化面積は約三四〇平方キロメートル、毎年一〇平方キロメートル以上の速度で増加し、すでに発生した地盤沈下面積は、約六四・二五平方キロに及んでいます。神木県には三つの大型国有鉱区があり、すでに二〇平方キロメートルが陥没し、十数の村、延べ三〇〇〇人余りが被害を受け、一五六〇戸の住宅が毀損したといいます。

また、植物被覆率の退化も進み、神木県大柳塔地域の砂漠土地は二・七倍に増加し、楡陽区と横山県の間に砂漠化土地が南東に向けて約四〇キロ伸張しました。さらに水環境の悪化も進み、楡林市の湖沼は炭鉱開発以前の八六九個から七九個に激減したといいます。

＊陝北地域生態環境保護関連の主な法律と対策

中国政府は、このような環境問題を解決するため、二〇〇〇年に制定された「陝西省石炭石油天然ガス開発環境保護条例」を二〇〇七年に改訂し、「汚染したものが処理し、破壊したものが回復し、開発したものが補償する」という原則を徹底化しました。そして、環境保護を優先する原則に従って、採掘禁止区域と採掘制限区域の設置、環境保護目標責任制、区域環境総合整備定量考課制度を制定しました。また、管轄範囲内の石炭、石油、天然ガス開発にあたって、環境モニタリングや環境影響評価を義務付けました。具体的には、汚水処理水の再利用、環境補償金制度、生態環境総合処理補償制度の制定、開発よる地質災害が発生した場合の回復処理責任などです。

政府としてもこれらの企業責任の遂行指導とともに、退耕還林政策を推進し、飛行機播種造林や必要に応じて人口降雨を実施し、生活の質が悪い村落の集団移転を促し、山を封じた造林政策を進めています。このように環境保護制度は整備されてきているものの、実際の開発事業においては、環境影響評価が実態に追いつかず、対策不十分、対策不可能、立地場所の不適切、といった事例が多くみられ、住民の意思も反映されにくい状況といいます。

しかしながら、楡林市全体における植物被覆率は、長年の対策の効果が表れ、二〇世紀五〇年代の一・八％から三八・九％に向上し、流砂状態を制御することができ、「砂が来れば人間が撤退する（砂進人退）」と言われた状況を変えるところまできたそうです。また、微生物や藻類菌、植物の一連の働きを通じて、土壌や水質の汚染を回復する研究も、西北大学との連携により進められているとのことでした。

＊神木県大柳塔鎮の炭鉱開発現場の視察から

では次に、炭鉱開発現場の視察の状況を説明しましょう。

陝西省林業庁の案内により、神木県の中心地から約六〇キロ北、内モンゴル自治区オルドスに隣接する大柳塔炭鉱の芳家壕村で、炭鉱開発を手掛ける炭鉱長の張氏に話を聞きました。張

神木県石炭炭鉱開発現場

氏の炭鉱の広さは一三五〇畝（約九〇ヘクタール）で、二年間の契約で農民から土地を借り上げました。二年後には埋戻した後に植林し返還することになっているそうです。農民には年間数万元の賃貸料とその持ち分に応じて配当金を支払います。ここにいた農民は、石炭採掘のために移住してきた人たちでしたので、炭鉱開発とそれに伴う移住について特に反対という意見もなかったといいます。十数年前までは、トンネルを掘って掘削していましたが、土地が陥没したため、現在のような露天掘りに転換されたそうです。露天掘りでは約七〇メートル掘り下げると約五・五メートルの石炭層に突き当たります。その深さからは地下水も出てきますので、石炭洗浄などに使う地下水も一緒に取水されます。掘り終った後は埋戻し、アブラマツなどを植林することになっています。このような方法で次々と鉱区を移転していくのです。現在、二〇〇畝（約一三ヘクタール）に植林をし、水源づくりを進めているとのことでした。

張氏は、「企業としては国の規制も遵守し、税金を納め、社会に貢献している。従業員の健康管理には気をつけており、定期的な健康診断とマスクの着用を行っている。炭鉱開発による経済の発展と生態林の造成の両方を進めている」と自信ありげに答えられました。

しかし、私たちが見た炭鉱開発現場は、広大な山を切り開き、三六〇度の視野で草木ひとつも見当たらない、まるで火星にでも降り立ったかのような荒涼とした風景でした。七〇メートル掘り下げられた深い谷の底には、ショベルカーやダンプカーがおもちゃのように小さく見え、彫り上げた石炭を地下水で洗浄する施設の周りは泥水であふれ、散水車が水をまきながら走り回っているものの、少し離れた道路は黒い砂塵が舞い、フロントガラスの視界も定かにならない恐ろしいほどに殺伐とした光景でした。

確かに、谷を隔てた遠くの丘陵では、切り開いた山を埋め戻す作業や植林された苗木が行儀よく並んでいましたが、西安ワークショップであらかじめ聞いていた炭鉱開発による公害問題の状況を併せて考えてみると、開発と保全のスピードがあまりにも違いすぎると思いました。それほどに開発の規模が大きく、そのスピードが急であるため、どんなに植林をしても木々の成長に追いつかない勢いで環境悪化が進んでいるのです。

炭鉱開発地と楡林市内を結ぶ約六〇キロの幹線道路は、石炭を満載した赤色の四〇トンダンプカーが大渋滞を引き起こしながら連なっていました。経済発展のための開発が優先され、都市との間をつなぐ道は石炭を運ぶダンプカーで埋め尽くされています。私たちを乗せた一般車両は渋滞の列に並んでいたのでは日が暮れてしまうので、公安の車を先頭に渋滞するダンプカーの間を縫ってセンターラインの上を行きました。楡林市の視察に入ってから、ずっと公安のパトカーが先導しているので、なぜなのかなと思っていましたが、そういうためだったのかと合点がいきました。それでも、行き来する四〇トントラックの間に挟まり、両側の窓に大きなタイヤが迫ってきた時、本当に生きた心地がしませんでした。地球の果ての荒涼としたこんな場所で、自分の一生が終わるのかと、一瞬家族の顔が浮かんだものです。まさに、中国という巨大な国に潜む、物凄いエネルギーが噴出する場所でした。

道路の周辺には大きなガソリンスタンドとともに炭鉱や輸送労働をする人たちのための飲食店が、そこかしこに埃をかぶって軒を連ねていました。大型ダンプの合間を縫うように、植林用の苗を運ぶ小さなトラックや渋滞を待つダンプの運転手に軽食を売るバイクの三輪車が行き交い、自分の三輪車より大きなダンプ用のタイヤを運ぶ人たちなどなど、炭鉱周辺は炭鉱景気に沸き立っているかのようでした。退耕還林政策によって農業の集約化が進み、農家での働き手として必要なくなった人たちがここに一挙に流れ込んできているのです。これが中国の発展政策なんだということが本当によくわかりました。

＊水位低下が著しい内陸湖「紅碱淖」の視察から

炭鉱開発現場簿視察の前日には、炭鉱開発地の下流域にある楡林市神木県にある陝西省最大の内湖「紅碱淖」を、陝西省林業庁の案内により調査しました。この湖は、もともと小さな湖一〇〇個ほどが連結してできたものだそうです。深さは平均八・二メートル、最も深い所で一二メートルほどあり、この大きさになるまで一〇〇年近く経っているとのことです。一九九〇年頃には面積は一〇・五万畝（約七〇平方キロメートル）ありましたが、現在は六～七万畝（約四七平方キロメートル）に縮小してしまいました。その原因は、上流の内モンゴルのオルドス高原にダムを作ったことと、先ほど説明した炭鉱開発により地下水をくみ上げ過ぎたためです。湖に入る支流は五本ありますが、出る川はなく、塩分は濃くなってきているといいます。また、気候の変動も水位低下に影響しており、以前は年間四〇〇ミリの降雨量だったそうですが、今は三〇〇～三五〇ミリに減ってきているとのことでした。

かつては生物の多様性も豊富で、一七種類の野生の鳥、五三種類の渡り鳥が観察され、中でもロシアから五月になると渡ってくるゴビズキンカモメの繁殖地としても知られています。この渡り鳥は絶滅危惧種にも指定されている貴重な鳥ですので、生態環境の悪化が心配されています。しかし、今ではほとんど魚はいなくなってしまい、一〇年ほど前までは、この湖で魚を取って暮らす漁民もいたそうですが、今では一人もいなくなってしまいました。

陝西省としては国に対し、自然保護区としての指定を要望しましたが認められず、一九九五年、景観地として観光目的の整備が行われました。保護地区に指定されると開発ができなくなるためではないかとのことでした。観光収入を見込んで、ホテルや土産物店などの整備が行われたのですが、訪問した九月七日も、とても良いお天気なのに観光客はほとんどなく閑散としていました。ホテルや土産物店は閉店したところもあり、廃墟の町のようでした。国としては、この湖を観光とともに水利プロジェクトにおける水の供給源として活用したいという思いがあるのではないかとのことでした。

＊行政関係者のヒアリングからの考察

楡林調査の最後に訪問した楡林市楡陽区林業局では、局長がこれまでの環境政策の取組みの成果と課題について次のように説明されました。

「毛烏素《ムウス》沙地の緑化には力を入れてきており、一九四九年には一九九万畝（約一二七平方キロメートル）、一・八％であった緑被率は、今では四五七・一万畝（三〇四八平方キロメートル）、四二・七％にまで向上した。農地は三万畝（二〇平方キロメートル）から五二万畝（三四七平方キロメートル）に広がり、羊は数万頭から一九六万頭に増加した。これらは沙地緑化の成功によるものだ。課題としては、①沙地緑化の次の段階としての灌木林の育林方法、②生態林と経済の両立、林業の産業化、③地下水位がこの五年間で一・九メートル低下するなど第二の砂漠化への懸念、④炭鉱開発と環境保全の両立の四つであり、これらの課題解決のために日本の経験を生かしてほしい」

このように、黄土高原における緑化政策は、被覆率の面からみれば大きく前進してきているものの、局長の話にあるように、地下水も含めた全体的な水土保全として成功しているかどうかは、さらに検証していく必要があると思いました。

また、水源地にあたる上流部では、先の現地報告で述べたように、大規模炭鉱開発が進められており、大気、土壌、水質、地下水への影響が懸念されます。この開発のあり方について陝西省林業庁の幹部に意見を求めたところ、

「われわれの第一の目標は経済発展であり、第二が環境保全である。省としてはこの炭鉱開発に期待をしている。まず経済発展によって貧しい暮らしから脱却することである。経済力がなければ環境保全の取り組みを進めることもできない。日本も経済的に豊かになったから、今ようやく、環境や文化の保全に目が向けられるようになったのではないか。」と説明されました。

楡林市内も中国の他の都市と同様に、高層ビルとマンションの開発ラッシュでした。しかし、市内を流れる川は水かさが少なく、ほとんど流れていないように見られました。これらのビルやマンションに、きれいな水が必要な量だけ届けられるのか、極めて困難なことのように見受けられました。楡林市に限らず、どの都市も交通渋滞がひどく、経済発展の進度に都市基盤整備が追いついていない印象を強く持ちました。地域の自然環境の限度や限界を超えて経済発展政策と開発が急速に進められているため、開発と保全を計画的に進めることができていないように感じました。

日本の昭和三〇年代から四〇年代にかけての発展政策もきっとこんな風だったのだと思います。それが悲惨な公害問題を各地に数々と引き起こしたのです。行政の幹部の方から「日本も

そうだった」と言われたことが残念でなりませんでした。一度破壊された自然環境を取り戻すことは容易ではありません。日本の発展政策の過ちの轍を踏んでほしくないと思いました。生態移民政策によって農業の集約化が図られ、余った労働力が農村から都市へ、炭鉱開発地へと大変な勢いで流出しています。出稼ぎに出た若者が再び故郷の農業を継ぐ日が来るのだろうか。現地調査で見た景色はまるで日本の高度経済成長期のようであり、退耕還林政策の果てに、半世紀が経って過疎化に悩む日本の地域の情景がダブって見えました。

《中国環境調査のまとめと今後の研究展望》

＊地域本来の自然を基盤とした環境ビジョンの必要性

ここまで見てきた中国での環境調査の結果を少しまとめ、課題の整理を行うことにしましょう。

はじめに、退耕還林における植林に用いられる樹種と造林手法が、この地域の地形、地質、気候にあったものであるかどうか、どのような環境復元を目指すのかという点について考えてみる必要があると思います。ＮＧＯ神木生態協会による「長柄偏桃」（スモモ）の植林活動は、自然環境を保全する生態林から、経済的価値を生み出す経済林への移行を図るものとして、陝西省も大いに期待しており、今後、生産拡大が計画されているところです。しかしながら、現在行われている外来種と共に植林する方法は、もともとの自然状態を復元することとは異なるものであることから、さらに一〇年後、二〇年後の状況を観察する必要があると思われます。

また、この地域のもとの植生がどのような状態であったのか、さらに、いつの時代をもとに復元すべきなのかを考える必要があると思います。黄土高原の農耕と環境の歴史については、学習院大学の村松弘一先生が詳しく述べておられます。村松先生はこの中で、二〇〇〇年前の陝西省の様子を記した文献史料から、「この地には牧畜に適するほどの草と水が豊富にあり、また、渠水灌漑によって農耕もできる牧畜と農耕両方に適した土地であった」と豊かな草原が広がっていた様子を記しています。そして、それまでの現地の人々の歴史や文化を理解し、それに基づく新たな社会の形成の必要性を説いているのです*14。

ＮＨＫスペシャル『四大文明　中国』の取材記「黄土が生んだ青銅の王国」*15から、かつての黄土高原の様子を引用させていただきましょう。

かつての楡林地域、黄土高原には一万年前から人が住み始めたといいます。年間の降水量四〇〇ミリ、日本の約四分の一です。しかし、四〇〇〇年前は豊かな大地が広がっていたことが、地層の調査から明らかになりました。黄河流域からはゾウの骨も大量に発掘されたというのです。象が一日当たり食べる草木の量は、平均三〇〇キログラムといい、大量の食糧を供給できるジャングルのような地でなければ生息できないと言われています。豊かな広大な森の中にアジアゾウや水牛など多くの大型動物が生息し、それらを取り巻く生態系が存在していたのです。青銅器の文様である「饕餮文《とうてつもん》」には、「上帝」と言われる殷の最高神の姿が表現されていると言われていますが、角や鼻などの顔のパーツには、水牛や山羊、虎や鳥など、森の動物が用いられているとのことです。「鬱蒼とした森林の中で文明への第一歩を踏み出した殷の人々は、森に住まう多様な動物たちの姿のなかに、聖なる力を感じ取っていたのではないか」と取材に行かれた井上勝弘氏は語っています。一五〇〇年前には五〇%、三五〇〇年前には八五%が森だったといいます。黄帝陵には今も原始の森が残されていて、樹齢五〇〇〇年のコノテガシワの大木があるといいます。この次はぜひ行ってみたいものです。

中国最古の詩集「詩経」には、黄河中流域の衛という生まれ故郷の様子を詠んだ歌があるそうです。

湧きて流るる泉川
末は淇水に流れ入る
われまた衛に懐いあり
思わぬ日とてなきものを（目加田誠訳）

また、黄土高原を覆う黄土には文明を切り開く不思議な力が備わっていました。黄土は中央アジアの砂漠から風に乗って運ばれてきたもので、水さえあれば豊かな実りを育むといわれています。そして、殷時代の青銅器文明を支えたのも黄土でした。黄土の細かな土がよい鋳型になり、うず巻き模様の精緻な模様が写し取れたのです。水を入れてこねれば粘土に。湿らせば柔らかく、乾燥すればレンガのように固くなる優れものだったのです。こうして青銅器の技術と青銅器を用いた儀式が国を豊かにし王の権威を高めました。青銅器の文化は長江流域まで広がり、当時の中国には古代青銅器ネットワークが存在したといいます。そしてこのような青銅器文明の広がりとともに、青銅の採掘と製造のための燃料として森は切り開かれその姿を変えていったのです。

その後、紀元前八世紀から約五五〇年の間は戦国時代へ突入し、森は焼き尽くされました。紀元前二二一年に戦乱は止み、始皇帝が現れますが、今度は鉄が登場します。鉄は扱いやすく、武具だけでなく農具にも使われました。鉄の農具類ができると木材の加工もたやすくなり、ますます森の開発が進みました。

世界の四大文明と言われるエジプト、メソポタミア、インダス、中国のうち、インダス文明*16以外は、都市の形成と増加する人口を支えるために、森が切り開かれ水土を失い、都市は滅びてきました。唯一残っている中国という国家は、黄河流域の環境をどの時代の状態に戻すことを目指しているのでしょう。一万年前というのはあまりにも宇宙時間的で見当もつきません。四〇〇〇年前の大型動物が深い森を歩き回る姿というのも現実の政策からは描き出せません、では、一五〇〇年前の森林率五〇％の時代に戻すには、いったいどれくらいの時間が必要になるのでしょうか。

今、黄土高原ではこの一〇年間の植林政策の成果が表れ、失われた歴史的時間を急速に取り戻すかのように、緑被率も向上してきています。しかし、国家政策として行われている退耕還林政策から、かつての黄土高原の暮らしである「放牧の暮らしと文化」を取り戻すことができるのでしょうか。もう少し調査と研究をしなければわかりませんが、私には過去の歴史に刻まれた暮らしや文化とはずいぶんと異なるものになっていくようにしか思えません。人間の生活とともにある環境の姿が見えてこないのです。果たしてそれで、中国の農村の人々や少数民族の人々は幸せなのでしょうか？

中国政府による一律的な退耕還林政策に対する批判もあります。総合地球環境学研究所研究員（当時）の松永光平さんは、これまでの黄土高原における環境史には、地形区の集合として分析する発想やそのための手法が欠けていたとおっしゃっています。そして、黄河流域の洪水が人為的な植生破壊によってのみ引き起こされてきたとする「洪水人為制約説」を批判的に考察されています＊17。黄土高原の侵食の原因を、人間活動によるものとだけ捉えると、現在行われている退耕還林政策のように、人々をこの地域から追いやる政策になってしまいます。松永さんは、人間活動と気候変動のそれぞれが、侵食の時代変遷に及ぼす影響を評価する必要があるとし、黄土高原の地域ごとの地形に着目した上で、植生や人間活動による利用の状況を、地形ごとに解明しようとしています。

以上のように、中国黄土高原における植生の回復政策を見てきましたが、まだまだ調査と分析が足りないものの、地域における環境問題の解決にあたっては、かつてこの地域の自然環境がどのようなものであり、人々はその自然環境の中でどのような暮らしを営み、環境を破壊しない暮らし方をしてきたのかといった歴史的・文化的な視点が大事であることをまず指摘しておきたいと思います。

そしてその次に、この地域に生活する人々がどのような環境像を求めるのかという新たなビジョンを基に、この地域における気候変動の影響を加味した上で、地形・地質に応じた植生の復元と土地利用のあり方を明示するなど、地域固有の新たな価値創造に向けた政策が立てられるべきであろうと考えます。一律的な国家政策として進められている退耕還林政策と生態移民政策には、このような地域環境創造の視点が欠けていると考えるのです。

また、生態保全政策は、生態林より経済林が尊重されていく計画のようですが、そうでなくとも自然環境が脆弱な地域に、過大な経済的投資がされることで、それがまた新たな環境負荷につながらないのか、慎重に状況を見守っていく必要があると思われました。私は自然科学や歴史の分野の専門家ではありませんので、今後さらに、歴史、気候変動、地形・地質、植生といった分野については、これらの専門家の力をお借りしながら研究を進めていきたいと思っています。つまり、これまではそれぞれの分野ごとに別々に調査研究が進められてきましたが、環境の問題を扱うには、人々の暮らしや文化面からも一緒に考えていく必要があると思うからです。

＊退耕還林政策による文化の変容

次に、人々の暮らしや文化面からの考察として、先行研究による文献資料を基に、課題の整理をしてみたいと思います。

繰り返しになりますが、退耕還林政策は、黄土の緑化被覆率の向上、農家の生活向上など、一定の効果をもたらしたといえます。しかし、過度の放牧には問題があるにしても、生活文化の視点から考察するに、一律的な生態移民政策でなくても、自然の再生能力の範囲での伝統的な放牧と天水を利用した粗放型農業による農村の暮らし方もあったのではないかという見方もできるのではないでしょうか。

今回の調査で一緒になった中国の水土保持研究所の賈瑞晨さんによれば、農家の中には、出稼ぎ収入と政府からの補助金を得られることから、なれない近代化農業になじめず、農業をやめた人もいるといいます。また、家畜飼料の高騰により農業経営が困難な状況になった農家もあるというのです。

このように、生態移民政策が必ずしも生活の質的向上をもたらさなかったという事例は、総合地球環境学研究所の小長谷有紀さんらの報告にも詳しく書かれています＊18。この中で、生態移民の農民のヒアリングを行ったマイリーサさんは、「牧民たちは、伝統的な生活様式を放棄し、市場経済の競争意識を持つよう政府に奨励され、それにより、農地開拓をし、家畜の生産を加速するための飼料基地（人口草地）の造成を進めてきた。その過程において、これまでは現地の牧民たちにあまり必要とされなかった資源、エネルギー、化学肥料も彼らの日常生活に深く組み込まれるようになってきた」としています。また、従来の放牧による自然と共生する営みは、生産性は低いものの生活の収支のバランスが取れるとして、自主的な流通ネットワークによる環境保全と食品の安全性を求める消費者をつなぐしくみが提案されています*19。日本においてもこの一〇年くらいの間に、無農薬野菜の産直販売のしくみがずいぶんと広がってきました。農家さんと直接つながるものや、地域振興の一環として町の三セク組織などが仲介する場合などもありますが、大量生産はできないものの、作り手と買い手をコストや効率性だけでなく、信頼関係で結ぶ画期的な流通システムだと思います。

また、乾燥地の農業開発における灌漑農業の問題は、総合地球環境学研究所の窪田順平先生が詳しく述べておられます*20。窪田先生はこの中で、「農業生産を増大させるために農地開発を行おうと考えるとき、森林や草原などを農地に転換し、天水（降水・グリーンウォーター）でまかなうことのできる範囲で農業生産を行った場合には、蒸発散量として大気へと失われる量は大きく変化しないため、（この方法は）ブルーウォーター*21を使わない持続可能な水利用という言い方もできる」とし、持続可能な耕作と水利用のあり方を示しておられます。

また、乾燥・半乾燥地域の人々は、「生態環境に対する負荷を移動という手段で軽減する遊牧という生業形態で、その脆弱な生態環境との共存を果たしてきた」とし、遊牧は自然との共存を図るための知恵であったことを示しておられます*22。

このように、必ずしも大規模で一律的な退耕還林政策によらなくても、今起こっている乾燥状態が何の原因によっているのか、地形や気候ごとに異なる原因を明らかにした上で、放牧と粗放型農業を続けながら自然復元を図る方法も考えられたのではないかと思うのです。しかしながら、中国政府は経済発展政策を強力に推進する中で、陝北地域の現状を「貧困状態」と捉え、経済発展の方策を豊富な炭鉱資源に見出したため、時間をかけて文化と環境の両面から保全を図るという方法を見出すことができなかったのではないでしょうか。

　また、農村地域の文化面については、退耕還林政策が始まる前の一九九〇年代の黄土高原の村の暮らしについて、大阪大学の深尾葉子先生らの研究成果に詳しく述べられています＊[23]。深尾先生はこの中で、村の人々の間で繰り広げられる様々な協力関係を表す「夥《フォ》」について、農家でのヒアリングを基に述べておられます。それによると、「何かを一緒にやる、とか仲間を組む」とかいうニュアンスを含むこの「夥」は、日常生活や農作業、窰洞《ヤオトン》建設や「紅白喜事」といわれる冠婚葬祭儀礼、そして廟《ビョウ》などでの労働奉仕など、さまざまな場面での互助関係や奉仕労働を指して用いられる」とされています。

　こうした日々の助け合いの積み重ねによって築き上げられてきた人間関係や社会関係は、生態移民政策によって、どのように変容していくのでしょうか。農村地域における相互扶助のしくみが地域の社会環境と生活に与える影響については、今後さらに生態移民した農民へのヒアリング調査を基にした考察が必要だと考えています。

　さらに、農家の余剰労働力となった若年労働者は町へ出稼ぎに行き、現金収入を得られるようになったものの、一方で農村の高齢化は一挙に進みました。果たして一〇年後、二〇年後に、彼らは村に戻り、農業を継ぐことができるでしょうか。農民戸籍制度によって移住が制限されているとはいえ、日本の過疎化問題と同様に地域の衰退が起こらないとは限りません。引き続き調査を行い、全体的な評価を行っていく必要があると考えます。

また、生態移民政策を文化への影響という面から見ると、中国研究者の中には、「西部辺境地域の少数民族を「異質」な存在と捉え、生業形態や生活様式が遅れているため環境問題を引き起こしたのだ」とする論者もいるといいます＊24。そして、西部大開発は、経済統合をとおして、西部少数民族の文化や民族意識を変えていく国民統合の実践となっている＊25とする説もあるというのです。内モンゴル出身で総合地球環境学研究所の特別研究員であるシンジルトさんは、内モンゴル草原の生態悪化が中国国家そのものにストレートにダメージを与えることを懸念するかのように、近年、内モンゴル自治区内での生態移民政策の成果が新聞報道に取り上げられる回数が増えていると述べています。そして、「牧畜や放畜民といった「異質」な存在が内モンゴル草原から減り、消えることが「東部」の基準に一致すること、「均質化」することを意味する。そういう意味で、内モンゴルは異質な「西部」が均質化されていく過程の新たなモデルとして位置づけられているといえよう＊26」と、こうした政策の流れを批判しています。

また、中国民族の伝統文化の保護を目的とする民間組織、翰海沙《ハンハイシャ》は、「遊牧業こそ草原のストレスを軽減し生態系保全に貢献できる生業形態だ。遊牧文化は、水と草を第一に、家畜を第二に位置づけており、人間と自然とを一体に融合したエコ・カルチャーで、人類が追求すべき最高の境地だ」と説いています＊27。

このように、陝西省の行政関係者の話だけを聞いていると、退耕還林政策によって緑被率が向上し、農家の収入も増えたとその成果を大きく評価されていますが、現地で環境調査や農民へのヒアリングを行っている研究者等の知見との間には大きな差異があることがわかりました。冒頭で述べたように、文化とは、人間が自然との関わりの中で見出してきた知恵や工夫、共有されてきた慣習や価値観、思想の総体であり、その創造プロセスにおいては、多様な人々との交流によってこそ新たな価値観が生み出され、持続可能なより良い社会が築かれていくものと考えます。国家による一律的な政策と文化の強要は、地域の固有性に応じた自然とともに生きる知恵や工夫を破壊し、人々の生きる力や希望を喪失させる可能性もあります。現在進められている退耕還林政策が新たな文化統制となるようで、その行方を危惧します。なぜならばこの文化衰退のプロセスは、日本がこの半世紀余りの間辿ってきたプロセスだからです。

退耕還林政策の動向については、さらに現地調査を続ける必要があり、環境問題と文化の関係、その際の環境政策のあり方について、注視していくこととしたいと思います。

＊対蹠的環境政策の限界

次に、環境政策のあり方の面からも分析をしてみます。大規模炭鉱開発の状況からは、経済発展を第一の目標とするあまり、環境保全や生活環境整備が立ち遅れている様子が明らかになりました。これらは戦後の日本の高度経済成長政策と酷似しています。しかしながら日本は、公害問題やオイルショックに対応するため、法制度による環境基準の制定や省エネ技術開発などにより、環境と経済の両立を図る環境政策に積極的に取り組んできました。特徴的であるのは、これらの取組みが政府から行われたというより、学術者と地域住民によるグループが立ち上がり、地域の自治体を動かし、国を動かしてきたということです。省エネ技術も中小のベンチャー企業をはじめとした企業努力によるところが大きく、地域からの運動と積極的な発案が環境政策をリードしてきました。そこには、地域文化や人々の環境を大切にする文化的土壌があったと考えられます＊28。こうした地域から発せられた環境政策の成功事例をモデルとして、中国にも導入することができればと考えます。

さらに、「環境保全よりもまず経済発展、その次に環境政策。日本もそうだったのではないか」という林業庁職員の言葉にあったように、振り返ってみれば、日本においても公害問題や温暖化問題など、経済発展の後を追うようにして環境対策が進められてきました。そして、東日本大震災に伴う原子力発電所の事故を招き、またしても後追いの対策に翻弄されており、決して模範的とは言い難い状況にあります。つまりこれは、「まずは経済発展、次に環境対策」という誤った政策を繰り返しているということに変わりはないと言えます。

中国と日本の発展過程は異なる段階にありますが、環境問題の解決という点においては根本的に同じ課題を抱えており、共に未解決で困難な状況にあることを強く認識すべきだと思います。

＊文化を基軸とした環境政策へ

以上見てきたように、退耕還林による緑化政策は、一定の効果を上げているものの、生態移民の暮らしは激変し、「国策による一律的な環境保全政策」と「歴史の中で蓄積されてきた生活文化の継承」が、持続可能な農村社会の形成において矛盾を引き起こすという新たな社会問題を生じさせていると考えられます。経済と環境の両立だけでは暮らしの安寧と真の幸福は得られません。何よりも、一人ひとりの生きがいや幸せを考えた時、農耕や牧畜から得られる収穫の喜びと自然への感謝、家族や地域コミュニティとともに生きる喜びは、賃金や補助金だけで得られるものではないはずです。自然環境保全の取り組みは、技術と法制度だけで継続できるものではなく、自然環境と文化を守るしくみは、日常生活の中で同時に進められなければならないと考えます。それには、それぞれの地域の地形や地質、気候に合った暮らし方の文化を基にして、さらに生活の質的改善を図るため、そこに暮らす人々の価値観の共有と具体的な方法による共同の力が必要であると思います。

このような考察の中で、今回、中国陝北地域の調査訪問によって、環境問題や国家政策の背景にある文化の存在を強く認識しました。中でも、日本にも共通する文化的思想である仏教の世界観、自然観がそれぞれの国の歴史的変遷の中でどのように人々に影響を与え、変化し、今日に至ったかに強い興味を持ちました。儒家、墨家、道家、仏教、朱子学といった中国思想は、時の為政者の方針として用いられ、国家政策に反映されてきました。東北大学の浅野裕一先生は、これらの思想と政策、環境問題の関係を詳しく考察されており*29、私は現代の中国における環境問題を解く鍵がここに潜んでいると考えるのです。それは日本の環境問題の解決にも通ずるものであると思います。

その後中国では、日中戦争から戦後の革命統一、さらに一九六六年から始まった文化大革命において、宗教施設や村人たちの祭りの場であった廟《びょう》などが破壊されました*30。このように、中国の政策は国家政府からのいわば上からの政策が中心でしたが、では、農村共同体の中で培われてきた「自然との共生の知恵や工夫」は、今日の農村地域には全く残されていないのでしょうか。

水土保持研究所の賣瑞晨さんは、「表面的な慣習が急激に変容するなかで、変わらずに持続する文化伝統はどのようなものであろうか。それを見きわめることによって、中国農村の基層的な構造を考察する端緒になるかもしれない」として、現在の黄土高原の村で行われている結婚式の様子をつぶさに記録し、結婚式における村人の協力関係、相互扶助の人間関係が伝統的慣習として今も持続していることを明らかにしました*31。

また、厳しい自然環境の中で生活していくためには、村々での相互扶助のしくみが不可欠となります。村の人々の間で繰り広げられる様々な協力関係を表す「夥」については先に述べましたが、深尾先生によれば、黄土高原の村々には改革前の地主の時代から「社」という廟会組織がつくられ、「廟」では祭りや祈りの儀式が行われてきたそうです。これらは文化大革命によりいったんは崩壊しましたが、一九八〇年代以降、徐々に廟を中心とした自発的な人々の集まりが復興した例もあるそうで、一九九〇年代までは雨乞いの儀式も行われていたといいます[*33]。しかしながら、一九九九年から始まった退耕還林政策は、こうした農村共同体の互助のしくみさえも崩壊させてしまうのではないかと危惧されるところです。

＊まとめと今後の研究展望

「中国の開発と発展問題を考える」という章をひとまず締めくくりたいと思います。

環境保全政策は、地域の自然環境を基に進められなければならないと考えます。それには地域の人々の共同による力が必要です。しかしながら中国においては、急速な経済発展に伴う環境破壊と西部地域の貧困格差問題の早急な解決のために、大規模な退耕還林政策が導入され、従来の遊牧と粗放型農業による文化が存続の危機にあるといえます。

また、生態移民となった農民の暮らしは、すべてが必ずしも向上したとは言えず、生態移民者の中にも格差が生じてきています。農村地域の若年労働者は都市へと流出し、農村地域の高齢化が一気に進みました。次には、農業後継者の問題が顕在化することが懸念されます。自然とともに生きる暮らしの充実感や家族、地域コミュニティとともにある幸福感は急速に委縮してきているのではないでしょうか。

環境を守るしくみは、文化を守るしくみと共に構築されなければならない。この視点を基軸に、今後は、日本と中国に共通する思想的背景の変遷を追いながら、思想が文化に与えた影響と文化が環境政策に与えてきた影響について、さらに研究を深めたいと思っています。

＊1　編著者、郭俊栄、北川秀樹、村松弘一、金紅実『中国乾燥地区開発における環境保護』、二〇一二年、西北農林科技大学出版社。二〇一一年九月に中国陝西省森林資源管理局で行った研究ワークショップの発表内容を編集したもの。日中の研究者、行政責任者二三名が執筆した。筆者は龍谷大学社会科学研究所「社会科学研究年報」第四二号、二〇一一年度（二三～三〇頁）の内容を中国語に翻訳して掲載。翻訳者寇鑫氏との共同執筆。第二部分「黄土高原の歴史と農村社会」、奥谷三穂・寇鑫『文化創造による地域環境ガバナンス』一四九～一六一頁。

＊2　レスター・ブラウン『エコ・エコノミー』、二〇〇一年、一七～二二頁。山折哲雄『環境と文明』、二〇〇五年、一三～一五頁。鶴間和幸『四大文明　中国』、二〇〇〇年、二一八～二二五頁。

＊3　浅野裕一『古代中国の文明観』、二〇〇五年、一～六頁。

＊4　浅野裕一『古代中国の文明観』、二〇〇五年。

＊5　森三樹三郎、『中国思想史』、一九七八年。佐藤弘文『日本思想史』、二〇〇五年。浅野裕一『古代中国の文明観』、二〇〇五年。

＊6　秋道智彌『コモンズの地球史』、二〇一〇年。室田武編著『グローバル時代のローカル・コモンズ』、二〇〇九年。

＊7　山折哲雄『環境と文明』、二〇〇五年。

＊8　小長谷有紀、シンジルト、中尾正義『中国の環境政策　生態移民』、二〇〇五年。賣瑞晨、佐藤廉也他、「中国・黄土高原の結婚式」、二〇一〇年、『比較社会文化』第一七号、一七～三五頁。佐藤廉也他「中国黄土高原における伝統的土地利用と退耕還林」、『比較社会文化』第一四号、七～二二頁。

＊9　向虎「中国の退耕還林をめぐる国内論争の分析」、二〇〇六年、『Journal of Forest Economics』Vol.52 No,2、p.9。

＊10 同上、p.11。
＊11 小長谷有紀、シンジルト、中尾正義『中国の環境政策　生態移民』、二〇〇五年、一三頁。
＊12 一畝は約六・六七アール。
＊13 一元は日本円で約一三円（二〇一二年一二月二日現在）。
＊14 村松弘一「黄土高原の農耕と環境の歴史」、佐藤洋一郎監修『ユーラシア農耕史』、二〇〇九年、一四二頁。
＊15 井上勝弘「黄土が生んだ青銅の王国」、鶴間和幸編著、『四大文明　中国』、二〇〇〇年、四三～九〇頁。
＊16 インダス文明の滅亡の原因については諸説あるが、最近では総合地球環境学研究所が、インダス川下流域での夏モンスーンによる洪水と海水準変動による海上交通の打撃など複数の要因によるものとする説が有力である。
＊17 松永光平「中国黄土高原の環境史研究の成果と課題」、二〇一一年、『地理学評論』第八四巻第五号、四四九頁。
＊18 小長谷有紀、シンジルト、中尾正義『中国の環境政策　生態移民』、二〇〇五年。
＊19 同上、一二五～一四二頁。
＊20 窪田順平、「二〇世紀後半に中央アジアでおきたこと」、佐藤洋一郎監修『ユーラシア農耕史』、二〇〇九年、一一七～一三七頁。
＊21 同上、一二〇頁。天水（降水）のことを「グリーンウォーター」といい、河川に流れ出た後の「再生可能な水資源量」をブルーウォーターとよぶ。（　）は筆者加筆。
＊22 同上、一三六頁。
＊23 深尾葉子他『黄土高原の村―音・空間・社会―』、二〇〇〇年、一〇七～一一九頁。
＊24 小長谷有紀、シンジルト、中尾正義『中国の環境政策　生態移民』、二〇〇五年、一八～二〇頁。
＊25 同上、二〇頁。
＊26 同上、二四～二五頁。

＊27　同上、二五〜二六頁。
＊28　奥谷三穂、博士論文「地域環境創造における社会関係資本と文化資本の機能に関する研究」、二〇〇八年。
＊29　浅野裕一『古代中国の文明観』、二〇〇五年。
＊30　深尾葉子他『黄土高原の村—音・空間・社会—』、二〇〇〇年、三六〜三八頁。
＊31　賁瑞晨、佐藤廉也他、二〇一〇年、「中国・黄土高原の結婚式」、『比較社会文化』、第一七号。
＊32　深尾葉子他『黄土高原の村—音・空間・社会—』、二〇〇〇年、三九〜四七。

2　ブータンのＧＮＨ政策から考える

＊なぜブータン王国のＧＮＨ政策を取り上げるのか

本論に入る前に、なぜここでブータンを取り上げるのかを説明しておきましょう。まずは私とブータンとのつながりについてです。ちょっとわき道にそれますが、お付き合いください。

私は、二〇一〇年八月にブータン王国を訪問する機会を得ました。これには特別の任務がありました。ブータン王国第四代国王の王女である、ケサン・チョゼン・ワンチュック王女にお目にかかり、二〇一一年二月に京都で開催される京都環境文化学術フォーラムへの招聘状をお渡しするというものでした。

このような機会を得られるに至った経緯には、それなりの苦労がありました。京都府立大学へ来る前の、京都府の地球温暖化対策課にいる時に、「ＫＹＯＴＯ地球環境の殿堂」の新たな殿堂入り者として第四代国王をお選びしたことから始まるのです。どうすれば第四代国王であるジグミ・シンゲ・ワンチュク国王にコンタクトを取ることができるのか、外務省をはじめ様々な国際機関に当りましたが、どこも、京都府レベルでお招きするのは難しいだろうとの意見で取り合ってもらえませんでした。

そんな中で出会ったのが、大阪のブータン王国名誉領事、辻卓史様*1でした。辻様との出会いがなければ、第四代国王に地球環境の殿堂入りをお受けいただくことも、私が京都府立大学に移ってから、ブータン王国を訪問する機会をいただくこともなかったかもしれません。辻名誉領事を通じて、桐蔭横浜大学のペマ・ギャルポ先生をご紹介いただき、ブータンへの公式訪問が可能になりました。大変感謝しています。そして私が京都府立大学へ行っていなければ、つまり府庁にいたのでは、ブータンを訪問する時間と上層部の了解を得ることは難しかっただろうと思います。

そして、この任務には、総合地球環境学研究所副所長（当時）秋道智彌先生と一緒に行かせていただきました。ＫＹＯＴＯ地球環境の殿堂と京都環境文化学術フォーラムは、総合地球環境学研究所と一緒に検討しながら進めていましたので、秋道先生とのつながりもすでにありました。ご一緒させていただけたことを大変感謝しています。

次に、環境と文化の問題を考えるにあたって、なぜブータンのＧＮＨを取り上げるのか、その意義についてお話ししておきましょう。

ブータンでは仏教思想に基づいた独自の生活習慣や生活文化が根付いている中、ＧＮＨに基づく政策が進められてきました。その結果、二〇〇五年に実施されたブータン人口調査で「あなたは今、幸せですか?」という問いに対して、とても幸せと答えた人が四五%、幸せという人が五二%となり、国民の九七%が「幸せ」と答えました。日本では、戦後の経済発展政策を推し進める中で、GDPを発展の基準としてきた結果、経済的には豊かになったものの、ブータンの国民のように幸福感を感じることができない状況となっています。

イギリスのレスター大学が二〇〇六年、全一四七ヵ国の八万人を対象に「人生の充足度について」調査し世界幸福地図を作成しました。その結果、上位には一位デンマーク、二位スイス連邦、三位オーストリア共和国とヨーロッパ各国が続きますが、ブータン王国はなんと八位とかなり上位にありました。日本はというと、九〇位とずいぶん低いところにいました。二〇〇九年の名目GNI*2（一人当たり）では、ブータンは一七六〇USドル（一四七位）、日本は四万九四二USドル（二三位）となっており、総所得と幸福感は必ずしも比例しないことが明らかにされています。

ブータンではGNHの考え方と政策が国民に浸透し、遵守されていますが、長く国王による政権が続いた中で、いわば上からの政策を国民がどのように受け入れたのか、価値観の共有と規則を順守するガバナンスの形成プロセスを考察することは、環境・文化の保全と経済発展のバランスのとれた政策を研究する上で意義があると思います。

ブータン王国におけるGNH（Gross National Happiness is more important than Gross National Product）の理念は、経済、文化、環境、統治の四つの政策方針に生かされ、それに

基づく具体的な施策が進められています。ブータン滞在中に出会った政府関係者、ツアーガイド、ホテル従業員の皆さんはいずれも誠実で親切でやさしく、ＧＮＨについてどう思われますかと聞くと、皆その推進にまっすぐな姿勢で、考え方を尊重し、国の方針に誇りを持っておられました。寺院では熱心に修行を重ねる僧侶や多くの参拝者、拝礼者があり、ガイドのお話では、国民の日常生活は終始、仏教の儀礼と礼拝によって営まれており、人々は「輪廻転生」を信じ、現世で功徳を積むことを人生の目的のごとく捉えているとのことでした。ではその功徳とは何ですか？と尋ねると、「家族でも友達でもお客様でも、人に喜んでもらえること、人を幸せにすることだ」と答えられました。輪廻の思想によって「功徳」の行いが人々を通じて永久に続いていくわけです。さらに、国民の国王一家への尊敬の念も深く、国王による統治の歴史を深く感じさせられました。自らの功徳の行為と国王への尊敬というふたつが国民の隅々に浸透しているとすれば、これほど強いガバナンスはないと思いました。

このように、ブータン王国におけるＧＮＨ政策は、国民の意識に根付く仏教精神と長い国王による統治による強いガバナンスによって国民に浸透し、政策が着実に進められているという印象を持ちました。

しかしながらブータンにも歴史的な変化が起こってきています。一九九九年から国策として進められたインターネットの普及によって、世界中から様々な情報が流入してきており、若者たちを中心に国民の意識が今後どのように変わっていくのか、見守っていく必要があります。また二〇〇八年には、初めての国民総選挙が行われ、議会制民主主義国家へと一歩を踏み出しました。それによってGNH政策がどのように変革していくのか、今後課題も多くなっていくのではないかと思われます。

一方で、日本との比較をした場合には、日本が戦後六〇年余りの経済発展の中で見失ってきた、自然や伝統文化を大切にする理念と政策、人々の助け合いの精神と強いコミュニティなどが今も社会政策の中で中心的な役割を果たしており、見習うべきことは多いと感じました。

今回の訪問は、公務としての役割が中心であり、調査というには時間も内容も不十分でしたので、さらに研究を深め、持続可能な社会政策としてのGNH政策を日本の政策との比較によって分析・評価していきたいと思っています。そのための論点整理として、ブータンのGNH政策の背景にある仏教思想と国王による統治を取り上げ、分析してみたいと思います。

なお、以下の文章は、日本GNH学会機関誌『GNH（国民総幸福度）研究①』（二〇一三年）に掲載した「京町家文化とブータン文化との比較から考察する文化創造のしくみ」から一部引用しています

＊仏教思想の浸透

はじめに、ブータンの文化的特徴を明らかにするため、仏教による統治の歴史を振り返ってみましょう。

ブータンの歴史については、日本人研究者として初めてブータンに入られたブータン研究の

第一人者である今枝由郎先生＊3が詳しく調べておられますので、その著書と、国際協力機構（ＪＩＣＡ）の専門家として五年間ブータンにおられた平山修一さんの著書、第四代国の王妃であるドルジェ・ワンモ・ワンチュック王妃の著書などから引用させていただきます。

ブータンに仏教が伝わったのは八世紀後半頃とされています。その後、一二世紀にチベット仏教のデゥク派がブータンに定着します。そして一六一六年、シャプドゥン・ンガワン・ナムギュルという高僧がチベットから逃れ、仏教のデゥク派のもとにブータンを統一したそうです＊4。このように、ブータンは国家としての政治体制が整う前に、仏教による統一が図られたといえるのです。初めに国民を統治したのは、政治権力ではなく仏教による精神面からの統一であったと考えられます。

ブータンでは仏教は人々の考え方や社会的規範の源になっており＊5、ティンプやパロの市内はもとより、どのような谷あいや山中にもマニ車＊6やダルシン＊7を見ることができます。また、今でも各家庭には必ず仏間があり、毎日七つの閼伽水《あかすい》の器を供えてお参りをします。ブータン人の七五％は生まれながらの仏教徒であり、人々の生活と考え方に仏教の思想は根付いています。現在及び未来を決定するのは自らの業《ごう》（カルマ）であると信じて、自らの行いの一つ一つには道徳的な結果や責任が伴い、それが現在から来世に「輪廻」する自分の意識に影響を及ぼすと信じているのです。積極的に他人の生活境遇の改善に従事することを心がければ、「縁起」によって良い方向に向かうことができると信じられているのです＊8。

このように、ブータン人の精神的基盤はこの仏教の教えと信心にあり、すべての行動の規範

メモリアルチョルデン（人々の祈りの日々）

となっていると考えられます。また、何を大切と考えるか、何が幸福かという価値観も仏教の教えによるところが大きく、ＧＮＨの考え方が国民に浸透した背景にはこのような仏教による文化的土壌が整っていたことがあるものと考えられます。第四代国王の王妃であるワンチュック王妃は、「ＧＮＨ「国民総幸福」は仏教的人生観に裏打ちされたもので、わたしたちが新しい社会改革、開発を考える上での指針」とし、仏教をはじめとする哲学的思考と、政治、経済は異なった次元のものではなく、統合され総合的に考慮されるべきものであると説いています＊9。

＊国王による統治の特徴

次に、国王による国家統治の歴史を振り

返ってみましょう。仏教による精神的な統治の時代を経て、一九〇七年にはウギェン・ワンチュックが初代国王となり世襲王政を確立していきます。そして、一九五二年には第三代国王ジグメ・ドルジェ・ワンチュックが即位します。第三代国王は国王の座についてすぐ、一九五三年に初めて自らの手で国会を召集するのです。その後、一九六三年には中央集権体制の確立を図り、土地所有制限、政治的役職の任命、県知事への権力付与などを行いました。そして一九七一年には鎖国を解き、国連に加盟するなど世界との交流を図ろうとするのですが、翌年の一九七二年、四四歳の若さでナイロビにて客死してしまいます。しかし、第三代国王の貢献は大きく、鎖国を解き国連に加入したのをはじめ、国民教育に力を注ぎ、インドのパブリックスクールへ官費留学生を派遣したりもしました。また、国王自ら政治改革に着手し、一九六八年には国王拒否権を全面放棄し国会決議を最終決議とするとともに、国王弾劾法案を提案したのです。

このように、国王政権といえば強権的な政治を思い浮かべがちですが、第三代国王から第四代国王に引き継がれた国家形成の考え方は決してそうではなかったのです。世界銀行副総裁を務められた西水美恵子氏は、レオ・E・ローズの著にある次の言葉を引き、「ひとりの絶対的支配者が、（中略）君主制の政治形態そのものの性質を変えてしまうかも知れないような基本的な構造改革を自らの発案で導入したのは、君主制の歴史の中では前例のないことであろう」とその政治改革への熱意と行動力を絶賛し、「第四代国王によるＧＮＨの改革の源は、父君のこの悲しみに在る」*10としています。

そして第四代国王ジグミ・シンゲ・ワンチュックが一六歳の若さで即位し、当時まだ二一歳であった一九七六年にコロンボにおいて「ＧＮＨ」発言をするのです。今から三六年も前のことです。世界はまだ、先進国を中心に経済発展の道を突き進んでいる最中でした。

その後、政治改革のためには国民との信頼関係を築くことが大事として諸国を巡幸し、国民一人一人の幸せとは何かを考え続けたそうです*11。そして一九九八年、国王が自ら行政権を放棄し、立憲君主制へと移行させ、二〇〇六年には五一歳の若さで、現在の第五代国王ジグミ・ケサル・ナムギュル・ワンチュックに王位を譲られるのです。二〇〇八年には新憲法発布のもと、初の総選挙が実施され、議会制民主主義国家への一歩を踏み出しました。

以上のように、国政の特徴としてはまず、歴史的には仏教をベースとして国づくりが進められたといえます。一九九八年の立憲君主制移行後は「政教分離」により、僧侶の選挙権と被選挙権が制限されたものの、民主化前は「政教二立制」で国王と僧正は同格であったといいます。そして何よりも国王自らの手により「立憲君主制」に移行させたことの功績は大きいといえます。このような経緯により民主化への改革後の現在も、王室と大僧正は国民の絶大な支持を受けており、大きな政治的影響力を持っているというわけなのです*12。国民の王室に対する尊敬の念は、第三代国王から第四代国王へと引き継がれた政治改革への熱意と行動力が、国民によく見える形で伝えられ、見聞きされているからであると考えられます。国王ばかりでなく王妃も、国内の各地を巡幸され国民の暮らしをつぶさに見聞きされているといいます。君主制と言えば強権力による抑圧された政治体制かと思われがちですが、ブータン王国の政治体制は決してそうではなく、仏教による思想・哲学を基盤として常に国民の幸福を第一に考えた結果、ＧＮＨという政治の基本方針が生まれ、それに基づく政策が進められることになったといえるのではないでしょうか。

そして、国民の側にも、ＧＮＨの方針と政策を受け入れる文化的土壌がすでに醸成されていたと考えられるのです。政治的関心以前に、仏教の思想と信心によって「幸福」の価値観が共有され、周りの人への思いやりや誠実さ、敬意の念、信頼と責任による行動が「縁起」によって良い方向性へと導き、それらがすべて功徳として輪廻転生に結びつくと考えられているのです。また、国王や王妃の政治改革への思いが行動として間近に見られる中で、尊敬の念が一層生じ、ガバナンスが保たれているということが言えます。つまり、仏教思想は社会関係の横のつながりを醸成し、国王への尊敬の念は縦のまとまりを形成し、バランスの良いガバナンスが形成されているということが言えるのではないでしょうか。

＊ＧＮＨの方針と政策への反映

ではここで、ＧＮＨの方針と基本政策について少し説明しましょう。ＧＮＨは 四つの分野のバランスある発展を目指します。

①経済成長と開発
②文化遺産の保護と振興

③環境の保全と持続可能な利用
④よき統治

①の経済成長と開発では、道路や医療機関、学校などのインフラ整備やエネルギー政策が中心となります。ＧＮＨの思想に経済成長があることを不思議に思われるかもしれませんが、ブータンの人々の生活レベルは、教育や医療面でまだまだ低く、国連開発計画（ＵＮＤＰ）による人間開発指標（Human Development Index「ＨＤＩ」二〇一一年）では、日本は世界で一二位であるのに対し、ブータン王国は一四一位で「人間開発中位国」の最後の順位にあります*13。ＨＤＩは平均余命と識字率や就学率による教育指数、ＧＤＰ指数の三つによって世界各国がランキングされるものです。ブータンでは特に、平均余命六六・八歳、（日本八三・二歳）、識字率は四二・三％。初等教育就学率八八％と医療、教育面でまだまだ遅れているということです。そしてそのためには、病院や保健・福祉施設、学校や大学などの教育施設が必要になりますし、みんなが学校へ行けるように児童の生活環境を全体的に良くする必要がありま す。集落が離れたところにありますので、道路整備やスクールバス、寄宿舎などを用意する必要もあります。こうした社会基盤整備をするためには、経済成長が必要になるわけです。

経済指標を見ますと、二〇一一年国民一人当たりの名目国民生産（ＧＤＰ）*14は、ブータンは二〇五三ＵＳドルで、日本の四万五八六九ＵＳドルのわずか四・四七％しかありません。

ちなみに二〇〇八年のブータンの一人当たり名目ＧＤＰは一六一二ＵＳドルでしたので、三年で約二七％の増加となっています。生産額は少ないですが、急速に経済成長していることがよくわかります。二〇一一年の経済成長率は五・二七％。日本は〇・七六％でした。それでも二〇一〇年一人当たり国民総所得（ＧＮＩ）を日本円に直すと、日本は三八八万六七三〇円、ブータンは一七万七三五六円にしかなりません＊15。

主な産業は農業で、就労人口の八割が従事しています。その他は林業、電力、観光などで、大規模開発型の産業は水力発電事業を除いてほとんどありません。教育、医療、福祉といった人々の最低限の生活を守る基盤づくりのためにも経済成長は必要となります。それをいかに、環境や文化とのバランスを取りながら進めるのかが難しいところだと言えます。

では、ＧＮＨの四本柱に沿って主な政策を箇条書きにしてみます＊16。

①経済成長と開発・主な政策

・インフラ整備（道路・下水道・医療機関・学校）

医療費は無料、西洋医療と伝統医療の組み合わせ。教育はすべて国費。特に英語教育に力を入れており、幼稚園から学ぶ。

・エネルギーの導入

ポブジカ村ではオグロヅルの保護政策として電線の敷設をせず、太陽光発電をいち早く導入。

・水力発電

消費電力の九九％が水力発電で、発電量の約八割をインドに売電。インドへの売電収入は国家財政の四五%を占める。

・エコツーリズム

海外から年間約七〇〇〇人の観光客があり、寺院やゾンの見学、トレッキング、農家民泊などがある。ただし観光は政府の専属ガイドが付き添い、ガイド料も政府料金(約二〇〇ドル)。

・農業の発展

食糧自給率は七〇%、農薬は使わない。

②環境保全と持続可能な発展・主な政策

仏教の思想に基づいて、様々な環境保護政策を推進。

・林業政策と森林保護

森林被覆面積七二・五%、開発規制、木材利用規制、森林面積一二%を上回る開発の禁止

・鉱物の採掘禁止、管理

・自然保護地域の指定

土地面積の二六%を指定し、立ち入りや狩猟を禁止

・生物多様性の保護

植物五六〇三種類、鳥類六七七種類、哺乳類二〇〇種類

③文化遺産の保全とその振興・主な政策

・伝統文化の保護、保全、啓蒙
・国家アイデンティティの確立
・持続可能な発展を支える価値観の醸成
倫理教育、ＧＮＨ教育の浸透
伝統衣装（ゴ・キラ）の着用義務
ゾンカ語の使用
仏教儀礼規範（家庭、日常衣食住、祭礼法をまとめたもので、学校や職場のＯＪＴでも習得が義務）
伝統的建築物の保護、保全
建築様式の規定（宗教建築物、ゾン、公共建築、商業 建築、住居など）
建築材料の地産地消（木材、石、日干しレンガ、竹など）

④良い統治・主な政策
すべての政策は国民のhappinessのために、ＧＮＨを基にした統治と政策の推進。
・民主化の促進（国民選挙による議会制民主主義）
・地方分権の促進
・国民の直接政治参加

また、これらの四つの政策を支える国民の倫理的な規範として、ブータン人の「ＶＡＬＵ

Ｅ」（core rule）が定められ、各教育施設に掲示されています。

Compassion（思いやり・あわれみ）

Integrity（誠実・正直）

Respect（尊敬・敬意）

Responsibility（責任・信頼）

Royalty（気品・気高さ・皇室への尊敬）

以上見てきたように、ＧＮＨ政策の特徴としては、環境と経済発展のバランスをいかに取るかに苦心がされていることがよくわかります。国民の最低限度の福祉は守らなければなりません。それがまだ国のすみずみまで十分に行き渡っていないため、ある程度の経済成長は必要です、しかし、環境を破壊するような産業の導入や開発は制限されなければなりません。ありがたいのは、ヒマラヤ山脈の急峻な地形と豊かな水量を生かした水力発電です。発電量の八割をインドに買電し、外貨を稼いでいます。国民の多くが農業をしながら自分たち家族の食べる食料を確保し、国家財政は水力発電と観光収入で賄いながら、ブータンの伝統を大切にした暮らしが営まれているのです。

＊ＧＮＨ政策における伝統文化の継承

では次に、ＧＮＨの基本政策の中から、特に伝統文化の継承に関する政策について少し詳しく見てみましょう。ＧＮＨ政策は、①経済成長と開発、②文化遺産の保護と振興、③環境の保全と持続可能な利用、④よき統治の四つの分野のバランスある発展を目指していますが、中でも②の文化遺産の保全とその振興における政策が、この国の固有性を最もよく表す政策であると思います。つまり、伝統文化の保護と国家アイデンティティの確立を図るためには、持続可能な発展を支える価値観の醸成を図る必要があり、倫理教育、ＧＮＨ教育の浸透には大変な力を入れているのです。学校の授業でもＧＮＨの考え方を基本にしながら生活や環境の教育が徹底されていると聞きました。こうした倫理面や意識の醸成だけでなく、伝統文化の表れとして、制服や公式行事の際には伝統衣装であるゴやキラの着用を義務づけたり、国の言語であるゾンカ語の使用、仏教儀礼規範の制定、伝統的建築物の保護、保全・建築様式の規定など、国家による上からの統制が行き届いています。

ブータンが伝統文化の保護と振興に重点を置くのは、地理的に中国とインドという大国に挟まれており、歴史的にも隣国のシッキム王国が一九七五年にインドの一つの州として併合された例[*17]があることなどに依っています。ブータン政府はこうした事態を避けるため、一九八〇年代に全国的な人口調査を実施し、国籍法、移民法を改正して新たな移民を制限・監視するとともに違法滞在者に対し国外退去を命じました。このような国家の安全と存亡を政治的手段

様式や高さが統一されたティンプ市内の建築物

によって守るとともに、ブータンの伝統文化を国民が守ることで国家アイデンティティの確立と国家の自立を図るためＧＮＨ政策の重要な柱の一つにこれを位置づけているのです。

例えば、伝統的建築物の保護、建築様式の規定に着目してみると、寺院、僧院、仏塔といった仏教建築物以外にも、行政府と寺院の機能を併せ持つゾン、公共建築物、一般住宅に至るまで建築様式が規定されており、伝統的な建築工法・技法を身に着けた職人が多く存在しています*18。

建築様式が規定されていることにより、伝統的な建築工法・技法を持った職人の職と高度な技法が維持され継承されることにつながります。農村地域の民家においても新築の際にはその地域の気候、条件に合った家がその土地にある木や竹、石や日干しレンガなどの材料で建てられているといいます*19。

伝統的建築様式とその技法を引き継ぐ職人の存在、地産地消による建築方法は、かつて日本の農村における茅葺集落や京町家など伝統建築を守るしくみにもありました。そのしくみには、人々が自然の中で生きる共同体としての暮らしの中で一体的に構築してきた有形の文化と無形の文化が融合した「人間としての知恵」が凝縮されていました。しかしながら、日本の場合は戦後の経済発展・都市開発政策と過疎化による集落共同体の崩壊の中で、それらはすっかり衰退してしまいました。

＊日本とブータンとの文化的な相違

以上見てきたことを基に、日本とブータンとの文化的な相違点をまとめてみましょう。

ブータンとかつての日本には、思想・宗教面での類似点が多くあります。仏教の思想としては、輪廻転生や自然の中で生かされているといった考え方がありました。充足感としては「吾唯足知」といった価値観が存在しました。倫理観としては、礼儀正しく、もったいないといった行動を取ることにも表れています。顔立ちもよく似ています。衣食住の生活面でもそうです。衣類は日本の着物とブータンのゴ・キラはよく似ていますし、絹織物であることや柄なども似ています。食べ物も、お米・そば・雑穀・イモ類・お茶・豆・お酒があります。建物に使う材料も木・土・竹が基本です。什器も木椀・漆・竹の籠などです。ブータンも日本も同じ照葉樹林帯にありますので、衣食住といった生活文化の面でも共通しているのです。

しかしながら両国はその発展過程で異なる道を歩んできました。その結果、ブータンでは伝統文化が守られ、仏教の思想を大事にし、衣食住での生活文化が今日まで引き継がれてきました。一方、日本ではそのほとんどを失い、残されているのは国や自治体が指定した文化財の中だけという状況になってしまいました。

なぜブータンではこうしたことが可能になったのか、振り返りとしてまとめてみましょう。ブータン文化の背景としては、①仏教思想が根付いており、人々の自然観・世界観・価値観・生き方に浸透している。②国王への信頼感、尊敬の念が高いため、国としてのまとまり、国民の意識の共有が図られやすい、といったことがありました。

①の仏教思想に基づく価値観は、国民の意識面において「横のつながり」ができているといえるでしょう。②の国王への尊敬は縦のまとまりといえ、横と縦のガバナンスが保たれているということが言えるのではないでしょうか。その結果、現在においても、①独自の国家アイデンティティが守られている。②ＧＮＨの思想が政策へと具体化されている。③倫理観、道徳心が高く、ルールが守られやすい。④経済発展と自然や文化を守るバランスが取れている。といったブータン独自のＧＮＨ政策を推進することができているのではないでしょうか。

一方日本では、国家による戦後の経済発展政策を強力に推進してきた結果、①欧米型の生活文化を志向するようになった。②ＧＤＰを豊かさの指標とし経済効率性を第一に考えるようになった。③個人の自由を尊重するあまり、共同体としての結束が保ちにくくなった。④経済的価値に置き換えられない価値を持つ自然や文化を顧みなくなった。といったことが言えると思います。その結果、日本の戦後の経済発展政策では、特に自然環境と文化の面での弊害を生じさせることとなり、この弊害は様々な環境問題やエネルギー問題、コミュニティの崩壊、農村地域における過疎化の問題といった幅広い社会問題を引き起こすことになったのです。これらの問題の根本には、国家政策のもとに日本の私たちが望んできた「経済発展中心の社会像と価値の追求」があるといえるのではないでしょうか。

＊文化創造のプロセスに関する考察

ここから少し踏み込んで、国家政策のあり方と人々がどのような社会や暮らし方を望むのかという個人レベルでの価値観のあり様について、価値の共有と文化創造のプロセスから考えてみましょう。

はじめに、本書を通じて述べてきたことの繰り返しになりますが、文化とは人間が自然との関わりの中で見出してきた知恵や工夫、共有されてきた慣習や価値観、思想の総体であると定義されます。文化には有形のものと無形のものがありますが、特に日本の戦後の経済発展政策においては、経済的な価値に置き換えられない無形の文化的価値のあることが忘れ去られてきました。しかしながら、本当の豊かさや幸せは経済発展だけでは得られないことも明らかになってきました。また、地球システムの中でしか生きることのできない人間の根本的な思想として、人間は自然の一部であり、人間の欲望は限りがないため「足るを知る」という思想が大事であるということも、特に、３・11東日本大震災と原子力発電事故を教訓として、みんなが気付き始めたといえるでしょう。

こうした中で、ブータンのＧＮＨ政策から学ぶべきことは本当に多くあると言えます。特に、自然と文化を守るための規制やしくみが重要です。確かに、ブータンの人口は約七〇万人と日本の小規模の県くらいでしかなく、ＧＤＰも日本の四～五％ほどしかありませんので、日本とは国の規模や経済力があまりにも違いすぎ、日本にブータンの方法を応用することなど論外なのではないかという意見もあります。しかし、文化創造のプロセスということに注目してみれば、応用可能なしくみが垣間見えてくるのです。

つまりそれは、第一章で取り上げた長岡京市や宮津の上世屋での事例でも言えることですが、これらの文化を継承・発展させるしくみとしては、「蓄積・交流・共有・イノベーション・創造」というプロセスが重要であるということです*[20]。

①まず、よりよく生きられる社会づくりのために、蓄積されてきた文化の何を大事にして次代へ引き継ぐのかを明らかにする。

②次に、蓄積されてきた文化に新しい発想を取り入れる一方で、古い習慣や生活・教育環境として良くなかったものを改変（イノベーション）していく。

③このプロセスを進めるにあたっては、価値の共有について語り合える多様な人々の間での交流と議論の場を作る。

④進め方としては、市民の中で議論され共有されていくプロセスを大事にする。つまり、文化は人々との間でのみ創造されていくという認識を持つことが重要。

それでは、このような市民同士の相互作用によって新しい「きまり」が生まれる場は、社会システムとしてどのように捉えられるでしょうか。少し難しい本ですが、ドイツの社会哲学者であるハーバーマスは『公共性の構造転換』の中で、「連帯という社会統合の力「生産力コミュニケーション」が、貨幣と行政権力という他のふたつの制御資源がもつ「権力」に対抗して貫徹される」＊21として、市民による文化的な伝承や慣習といった「政治文化」を背景としたコミュニケーション力が社会変革を起こす力になり「公共圏」を形成しうるということを示しています。また、コミュニケーションが行われる共同体では、求めるべき価値は外にはなく、またあらかじめ決まった形で存在しているものではないため、人々は議論を通して、規範や価値を作り出していくこととなるとし、これを「内からの超越」と名づけています＊22。もっとも、言葉によるコミュニケーションだけでは、共有できる観念や価値観の創造は難しく、蓄積されてきた経験の上にさらに新たな考えや行動が繰り返し行われることで、新たな「きまり」が生まれ文化として蓄積されていくと私は考えます＊23。

では、ブータンではどうかというと、仏教と国王による国家統制といった言わば上からの統制によって今日の文化が作られてきたわけですので、このプロセスでは「交流と共有」の部分が特徴的であるといえます。つまり、仏教の教えを受け入れる文化的土壌が、自然と共にある暮らしを日々繰り返すなかで醸成されてきているため、統治や強制といった権力や法的規制を用いることなく、ごく自然な形で慣習化し、自然環境や伝統文化を大切にする価値観が共有され「横のつながり」ができてきたと考えられます。また、国王をはじめとした王室関係者による政治改革への考え方と政策が、国内巡幸など具体的な行動として間近に見られる中で、尊敬の念が一層深まり、信頼と尊敬という「縦のまとまり」として統制（ガバナンス）が保たれているといえるのです。こうしたプロセスによって、強い交流と共有の場（コミュニティ）が生まれ、伝統文化の保護と継承が維持されていると考えられるのです。

しかしながらブータンにおいても、インターネットの普及やテレビ放映*[24]などにより新しい情報や物が海外から流入し始め、伝統文化の保護・継承にも問題が生じてきています。ジーンズやTシャツ、スニーカーといった服装の変化、インスタント食品の流通、近代的建築様式の流入など衣食住における変化をはじめ、ティンプなどの都市でのシングル世帯の増加、欧米式生活スタイルへの憧れ、経済的豊かさの追求などライフスタイルや価値観の変化も始まっています*[25]。文化のプロセスという意味で考えれば、こうした変化も新たな文化創造と捉えられ取り立てて問題視する必要もないわけですが、国家の安定的な自立と国家アイデンティティの確立を重要視するブータンとしては、こうした文化の変容をどこまで受け入れるかが課題となってきています。

また、近年の民主化改革によって、これまでの国王による一律的な統治から、選挙と話し合いによる統制へと政治形態が変化していく中で、多様な国民の意見をどのように調整し方向性を維持していくかが課題となってきます。近代化、情報化、民主化の流れの中で人々の意識や価値観はどう変わっていくのか。ブータンにおけるこうした社会・経済的変化は、戦後の日本が経験してきた道筋に大変似通っているといえます。

日本はそのプロセスの中で、伝統文化の保持より欧米の生活スタイルを選択し農村文化をはじめ数々の日本の伝統文化の損失を招いてきました。今日、日本においては失われつつある日本の伝統文化を保護するための法制度の制定や適用、各自治体を中心とした地域振興策の推進、NPOをはじめとした民間レベルでの取組が様々に展開されてはいますが、経済発展政策の趨勢には、やはりかないません。比較的うまくいっている事例は、第一章でも少し触れましたが、山梨県の早川町や徳島県の上勝町など、市町村合併を回避し、独自の地域資源を生かした取り組みを町民あげて進めているところでしょうか。人口の規模は二〇〇〇人程度と他の自治体に比べれば大変小さいですが、トップの方針が明確で、価値観や意識の共有が図りやすく、町民同士も顔の見える関係が作りやすいので、信頼関係をベースとしてまとまりのある活動ができるのだと思います。縦と横のガバナンスのバランスがうまくいっている事例だと思います。

先に取り上げた中国のように、多数の民族が一つの国として統括され、広い国土を保持することとなれば、国家として横の力は伸ばしにくく、縦の力が強くなるのが当然と言えるでしょう。中国とブータン、日本とブータンを比較して考えることは、国家の規模からすれば比較にはなりませんが、自然と文化を基軸とした発展を地域レベルから考える際には役に立つのではないでしょうか。こうしていろいろ比べてみると、自然環境と人間関係の両面で、国づくりや地域づくりを進めるにふさわしい社会というのは、ある一定の規模が存在するのではないかということにも気がつきます。

ブータンがこれからますます経験することになるであろう文化変容の流れに、ＧＮＨ政策を推進するブータン政府がどのような対策を講じていくのか。特にブータンのこれまでのガバナンスを支えてきた国民の仏教思想と国王への尊敬の念も、新たな潮流の中で少しずつ変化していくと考えられます。日本の私たちがブータンに学ぶことは本当に多くありますが、日本のこれまでの失敗事例を参考に、「蓄積・交流・共有・イノベーション・創造」という文化創造のプロセスを重視し、早い段階から「交流と共有の場」＝「インターフェイスの場」を用意していくことが大事ではないかと考えます。

今どきの学生⑤　学生のレポートから読み取れる若者の価値観

福祉社会論第四回講義レポートから

Ｑ：「中国とブータンの政策を学んで感想意見、福祉社会づくりへの思いなどを書きなさい。」

・ブータンのＧＮＨのような方針が日本に合うとは限らないし、今の生活レベルを落としたくはないが、今のままでは「幸福とは何か」ということを完全に見失ってしまうのではないか。自分の幸福という身近なものを考え直し、全体主義として凝り固まってしまうことを避け、一人ひとりの生活を豊かにしていくことが大事なのではないかと思った。

・中国は国全体の利益を優先し、各地域に根差した文化的特色よりも全体の統一を優先している。一方ブータンは、国民の幸福が第一に優先されていて、文化も保護されている。僕はブータンの政策の方がいいと思った。

・ブータン人のお年寄りのとても幸せそうな顔が印象的でした。日本の中であんな幸せそうな顔をしている人はどれだけいるだろう。時代遅れとか最先端といった時間軸だけで物事を判断すると福祉が十分な社会はできない。緑や土は心が落ち着くので、自然環境も福祉社会にとって重要だと感じた。

・私は祖母から聞く昔の生活に強いあこがれを持っていた。同じようにブータンの政策に強くひかれた。日本にもともとあった人と人との相互関係、人と環境との関係を重視する生活がされているからだ。「吾唯足るを知る」は科学技術が発展する中で忘れてはいけないものだと思う。それを実現できているブータンが純粋にうらやましい。

・中国もブータンも経済発展なくして国の発展も自由もあり得ないという、似たような考え方を持っているが、中国は発展のために「人間らしく生きるということ」を考慮していない。結果として環境問題が世界にも影響を及ぼしている。一方ブータンは幸福は経済発展のみならず、「半農半Ｘ」のように人間らしく自分らしく生きるということを大事にしており、それが世界第八位の幸福度につながっていると思った。

・京都の丹後地方とブータンの事例から、コミュニティの形成から自分の生きがいを見つけることが大事ではないかと気づいた。福祉は介護や医療というイメージを持っていたが、環境と文化、人と人とのコミュニティの中で、いかに「生」を感じられるかということが大切だと思った。

・過去の日本も今の中国と同じように環境への配慮が不足していた時代があったし、原子力発電に依存しており、まだまだ環境意識が高いとは言えない。中国を批判する資格はないが、過去の反省を基に培った環境保全技術は評価できるので、もっと世界に広めるべき。

・四回の講義を通じて福祉社会のイメージが大きく変わった。福祉社会とは最低限の生活の保障をすることと物質的に豊かな社会をつくることが幸福の証だと思ってきた。しかしそれでは際限なく豊かさを追求することになり、いつまでも幸せになれない社会なんだということを知った。

・中国とブータンの話を聞き、日本にも見直す点があることに気づかされた。他の国から学び生かすことは多い。環境と開発の問題のように、何か一つが良くなっても他の面に負荷がかかるかもしれないということを忘れてはいけないと思った。

・経済発展だけを考える政策は、もうどの国や地域にも合わないのではないか。先進国や都市は他の地域のことを考えなければならないし、途上国や農村は都市から失敗を学ばなければならない。

・これからはモノだけでなく人の心の満足が重要になってくる。ローカルとか農村が絶対必要な要素になると思った。

・中国は上からの政治で実際の状況や意見に目をつぶってしまっている。反対にブータンという国は下からの政治だと思った。国の統治者が国民全体の幸せとは何かをしっかり考え、国全体で発展しているように感じる。

・中国では経済発展、ブータンは国民の幸せを第一に。では日本は何を第一にするか。人間が人間らしく生きるために人と人との距離を近くしていくやり方が必要と思う。そのためには市町村合併を推進するのではなく、その地域に根付いたきめ細かいサービスが行き届く範囲のコミュニティを維持していく必要がある。

・中国の退耕還林政策は、緑化が進み一見するととても素晴らしい環境政策のように見えたが、伝統的な暮らし方や文化を破壊してしまい、それまで人々が描いていた「幸せ」な暮らし方ができなくなってしまったことを知り、とても残念に思った。

・途上国の発展はどうあるべきかを考えさせられた。「ドラえもん型社会」か「さつきとメイ型社会」かではドラえもん型社会を選んだが、それは「幸せ」ということを中心に考えたのではなかった。国の発展の最終目的に何を置くべきか、とても難しい。しかし、「幸せ」を追求した生活が世界から消えてしまうことは心から悲しいと感じる。

・政策というと物理的なものだけが頭に浮かんでいたが、仏教思想に基づく思いやりや誠実さなど、精神的なものが国民に根付いていて、それによって幸せを感じるブータンという国があることを知り、政策の新しい面を知った。
・心で何でも解決できるとは思わないが、制度をより良いものにするためには心が不可欠だと思った。
・「充足感」という言葉が印象に残った。幸福や発展を追い求め続けても満足することはない。ブータンのように感謝の心や思いやりがこの国の幸福度に大きくかかわっているのだろうと思った。
・「半農半Ｘ」の講義でも話されたように、どんな形であれ多くの国民が自然と関わっていることが国民の幸福度、さらには国全体の幸福につながるのではないかと考えた。
・今の日本に足りないのは「日本らしさ」だと思う。古くから育まれてきた知恵や生き方は、経済発展した日本であっても忘れずに今の生活に生かしていくことが必要。
・中国とブータン、日本を比べてみて、もともと文化的には類似していたのに、国の政策によって人々の意識や生活スタイルがずいぶん違うことを知った。それほど国政は人の生き方や自然との関わり方にも影響を与えているということであり、政策を学ぶ上で重要な観点だと思った。
・この講義で学んだ昔の日本の姿や半農半Ｘの考え方は、素直に日本が目指すべき現実味のある温かい考え方だと思った。福祉社会とは北欧のように保障が充実している社会ばかりではなく、幸福が充実している社会ということなのだ。
・福祉社会とは弱い立場の人々を公的な力で助ける社会という意味ではなく、全国民が幸福に生活できるように、国と国民が協力していく社会なんだと気付いた。
・福祉社会づくりの中で人と人との関係が切り離せないという講義はこれまでにも聞いてきたが、人が自然の中にいるという自覚、自然との関わりも不可欠なんだということを思うようになった。
・ブータンの人たちは、日本のようにモノにあふれ、都会でのあくせくした生活でなく、緑に囲まれいろいろな自然エネルギーを自国で賄う暮らしを幸せだと感じている。今の日本の若者の中にもそうした暮らしを求める人が以前より増えている。日本をブータンのような方向へシフトしていくためにはどうすればいいか、私たち若者が自覚して訴えていかなければならない。

＊1 駐日ブータン王国領事館は、東京、大阪、鹿児島にあり、辻名誉領事は大阪の鴻池運輸株式会社の会長をされています。かつて、ブータンに水力発電機を輸送したことをきっかけにブータンとの関係ができ、名誉領事を引き受けられたとのこと。
＊2 二〇〇九年国連統計に基づく一人当たり名目国民総所得（ＧＮＩ）。
＊3 フランス国立科学研究センター主任研究員。フランス在住のチベット歴史研究家。一九八〇年から一九九一年にかけて、ブータン国立図書館の建設に尽力した。

＊４　今枝由郎『ブータンに魅せられて』二〇〇八年、四頁。
＊５　平山修一『現代ブータンを知るための60章』二〇〇五年、四三頁。
＊６　マニ車とは経文の納められている円筒で、手で回すことによって経文を読んだと同じ功徳があるとされる。
＊７　ダルシンとは経文旗のことで、白い木綿の旗に経文や宗教的な模様が描かれている。
＊８　ワンチュック『幸福大国ブータン』二〇〇七年、二三〇～二三三頁。
＊９　同上、二四四頁。
＊10　西水美恵子『国をつくるという仕事』二〇〇九年、六三～六八頁。
＊11　同上、七〇頁。
＊12　本林靖久『ブータンと幸福論』二〇一〇年、二一六頁。
＊13　「２０１１人間開発報告書」国連開発計画より。
http://www.undp.or.jp/hdr/global/2011/index.shtml
＊14　世界の名目一人当たりＧＤＰ　http://ecodb.net/
＊15　二〇一〇年国連統計に基づく一人当たり名目国民総所得（ＧＮＩ）。為替レートは二〇一〇年、八七・八円（対ＵＳドル）で計算。
＊16　平山修一『現代ブータンを知るための六〇章』、本林靖久『ブータンと幸福論』、今枝由郎『ブータンに魅せられて』の各ページから引用編集。
＊17　シッキム王国は、もともとチベット系民族の国家であったが、イギリスの開発政策によってネパール系住民を移住させたことによりネパール系住民が増加し、民主化運動が激化した。インドはこの民主化運動を後押しし、インドの二二番目の州として併合した。平山修一『現代ブータンを知るための60章』一六九～一七〇頁。
＊18　今枝由郎『ブータンに魅せられて』一二七頁。
＊19　平山修一『現代ブータンを知るための60章』、二三四～二四六頁。
＊20　奥谷三穂「地域環境創造における文化資本の意義と役割」二〇〇八年、一二三頁。

＊21 ユルゲン・ハーバーマス『公共性の構造転換』一九九四年、二七頁。
＊22 中岡成文『ハーバーマス　コミュニケーション行為』二〇〇三年、一六六頁。
＊23 奥谷三穂「地域環境創造における社会関係資本と文化資本の機能に関する研究」、二〇〇八年、二四頁。
＊24 一九九九年インターネットの普及、テレビ放映開始。二〇〇五年携帯電話の導入。道路交通網の整備によるインドからの物資、人の流入。
＊25 二〇一〇年八月にブータン王国を視察した際の見聞とガイドからのヒアリングに基づく。

おわりに

私は、京都府の行政職員として三〇年あまり勤めてまいりました。中でも、自然環境の保全対策や地球温暖化問題など、環境行政に通算九年携わりました。行政の現場を通じて様々な課題に直面する中で、環境問題の解決のためには、技術と制度だけでは不十分であり、文化の役割が重要ではないかとの考えを持つようになりました。そこで二〇〇三年から京都橘女子大学大学院（当時）文化政策学研究科へ入学し、博士前期・後期課程の五年間、勤務を続けながら研究を続け、なんとか論文をつづり、博士学位文化政策学を取得させていただきました。お世話になった池上惇先生、中谷武雄先生にはこの場をお借りして心から感謝とお礼を申し上げます。

不思議なもので、役所の名刺に「博士（文化政策学）」と追記すると、役所の肩書にはあまり関心を示されませんが、追記の方には関心が向くようで、そのおかげで多くの学術・研究者の方々と交流させていただくことができました。そうした日々のつながりから、京都府立大学へ派遣させていただく機会を得、講義やゼミばかりでなく、東北への被災地調査やブータン、中国へも行かせていただくことができました。本当はもう少し研究を続けたかったのですが、一年一〇ヵ月という短い期間で府庁へ帰ることになってしまいました。府庁に戻った今も、たまに研究会や学会に参加したりしていますが、残念ながら研究の場は潮に流されるように日々遠ざかってきています。

役所の中にだけとどまっていたのでは、世の中の動きを知ることはできません。役所を離れ、京都を離れ、日本を離れてみることで、ようやくあるべき姿に気がつくことができるのです。ただ、その気づきを現場の政策に反映しようと努力するのですが、行政の現場は複雑な構造になっていますし、急な変革は難しく、そんなに簡単にいくものではありません。

それはそれとして与えられた役割の中でがんばるとしても、これまで書き溜めたいくつかの論文やレポートをひとまとめにし、今自分のいる位置や考えを確認したかったという思いと、やはり、３・11の東日本大震災の年に、学生たちと向き合いながら考えたり学んだりしたことを書き留めておくのは、後にも先にも今しかなく、とても大事なことではないかと思い、本を出そうと思い立ったというわけです。

ここまでお付き合いいただき、本当にありがとうございました。

この本の中で最も意義のあるページは、何と言っても学生たちのレポートの部分だと思います。今、レポートを読み返してみても、みんなそれなりによく考えているし、しっかりしています。新しいものの見方に気がついてくれて、講義をもたせてもらえたことを本当に感謝しています。こんな風にして学生たちと出会わなければ、新しい考え方を伝えることもできないですし、私自身も学ぶことがなかっただろうと思うと、学びあいの場というのは本当に大事だなと思います。

「蓄積・交流・イノベーション・創造・継承」という文化創造の動きは、社会のどんなところにでも起こすことができると思います。小さな渦でいいと思います。それこそが、生命の理と社会の理の両方に適った展開のしくみなんだと思います。

本書をまとめるまでに関わりを持たせていただいたすべての皆様に、この場をお借りして感謝申し上げます。

最後に、本書の出版にお力をくださった、芙蓉書房出版の平澤公裕様には心から感謝申し上げます。

参考文献

秋道智彌（二〇一〇年）『コモンズの地球史』、岩波書店。

浅野裕一（二〇〇五年）『古代中国の文明観』、岩波書店。

今枝由郎（二〇〇八年）『ブータンに魅せられて』、岩波書店。

大岸万理子（二〇〇七年）「宮津市上世屋地区における地域特性および関係者の意向を踏まえた棚田保全に関する研究」京都大学大学院地球環境学舎環境マネジメント専攻修士論文。

奥谷三穂（二〇〇七年）「NPOと企業の連携による地域環境創造の可能性と課題」、文化経済学会日本、『文化経済学』、第五巻第三号、一一一〜一二七頁。

奥谷三穂（二〇〇八年a）「地域環境創造における文化資本の意義と役割」、文化経済学会日本『文化経済学』、第六巻第一号、一一五〜一二五頁。

奥谷三穂（二〇〇八年b）「地域環境創造における社会関係資本と文化資本の機能に関する研究」、京都橘大学大学院文化政策学研究科博士論文。

奥谷三穂（二〇一二年）「中国・黄土高原における開発と環境政策の現状から考察する文化の機能」、京都府立大学福祉社会研究会『福祉社会研究』、第一二号、一二三〜一三六頁。

奥谷三穂（二〇一二年）「文化創造による地域環境ガバナンス」、龍谷大学社会科学研究所『社会科学研究年報』第四二号、一二三〜一三〇頁。

奥谷三穂（二〇一三年）「京町家とブータン文化との比較から考察する文化創造のしくみ」、日本GNH学会『GNH（国民総幸福度）研究①』、四一〜六二頁。

賽瑞晨、佐藤廉也他（二〇一〇年）「中国・黄土高原の結婚式」、『比較社会文化』第一七号。

川那部浩哉（一九九六年）『生物界における共生と多様性』、人文書院。

窪田順平（二〇〇九年）「二〇世紀後半に中央アジアでおきたこと」、佐藤洋一郎監修『ユーラシア農耕史』、臨川書店。

向虎（二〇〇六年）「中国の退耕還林をめぐる国内論争の分析」、『Journal of Forest Economics』、Vol. 52 No,2.。

小長谷有紀、シンジルト、中尾正義（二〇〇五年）『中国の環境政策　生態移民』、昭和堂。

作田啓一（一九九八年）『三次元の人間—生成の思想を語る』、行路社。

佐藤弘文（二〇〇五年）『日本思想史』、ミネルヴァ書房。

佐藤廉也（二〇一一年）『森林移動農耕民のライフコースと環境知識・環境利用技術の獲得プロセス』、文部科学省科学研究費補助金報告書。

佐藤廉也他（二〇〇八年）「中国黄土高原における伝統的土地利用と退耕還林—陝西省安塞県の事例—」、『比較社会文化』一四、七〜二一頁。

塩見直紀共著（二〇〇二年）「青年帰農〜若者たちの新しい生きかた〜」、『増刊現代農業』農文協。

塩見直紀（二〇〇三年）『半農半Xという生き方』、ソニー・マガジンズ。

塩見直紀（二〇〇七年）『塩見直紀と種まき大作戦「半農半Xの種を播く」』、コモンズ。

龍村あやこ（二〇〇八年）「地球文明時代の芸術」、梅棹忠夫監修『地球時代の文明学』、京都通信社。

鶴間和幸編著（二〇〇〇年）『四大文明　中国』、NHK出版。

デイヴィッド・スロスビー、監訳・中谷武雄、後藤和子（二〇〇二年）『文化経済学入門』、日本経済新聞社。

ドルジェ・ワンモ・ワンチュック、今枝由郎訳（二〇〇七年）『幸福王国ブータン』、ＮＨＫ出版。

中岡成文（二〇〇三年）『ハーバーマス　コミュニケーション行為』、講談社。

中沢新一（二〇一一年）『日本の大転換』、集英社。

中沢新一（二〇一二年）『野生の科学』、講談社。

中村桂子（一九九八年）『生命誌の窓から』、小学館。

中村桂子（二〇〇〇年）『生命誌の世界』、日本放送出版協会。

西水美恵子（二〇〇九年）『国をつくるという仕事』、英治出版。

原田憲一（二〇〇八年）「地質文明観」、梅棹忠夫監修『地球時代の文明学』、京都通信社。

平山修一（二〇〇五年）『現代ブータンを知るための60章』、明石書店。

深尾葉子、井口淳子、栗原伸治（２０００年）『黄土高原の村―音・空間・社会―』、古今書院。

深町加津枝（二〇〇二年）「里山ブナ林に対する地域住民と都市住民の景観評価および継承意識の比較」日本造園学会誌『ランドスケープ研究』Vol.65No.5.。

福嶌義宏（二〇〇八年）『地球研叢書　黄河断流』、昭和堂。

松井孝典（二〇〇七年）『われわれはどこへ行くのか？』、筑摩書房。

松永光平（二〇一一年）「中国黄土高原の環境史研究の成果と課題」、『地理学評論』、第八四巻第五号、四四二～四五九頁。

水尾比呂志（一九九二年）『評伝　柳宗悦』、筑摩書房。

村松弘一（二〇〇九年）「黄土高原の農耕と環境の歴史」、佐藤洋一郎監修、『ユーラシア農耕史』、臨川書店。

室田武編著（二〇〇九年）『グローバル時代のローカル・コモンズ』、ミネルヴァ書房。

本林靖久（二〇〇六年）『ブータンと幸福論』、法藏館。

森誠一編（二〇一二年）『天恵と天災の文化誌』、東北出版企画。

森三樹三郎（一九七八年）『中国思想史』、第三文明社。

山折哲雄（二〇〇五年）『環境と文明』、ＮＴＴ出版。

山折哲雄（二〇一〇年）『わたしが死について語るなら』ポプラ社。

ユルゲン・ハーバーマス、細谷貞雄・山田正行訳（一九九四年）『公共性の構造転換』、未来社。

レスター・ブラウン（二〇〇二年）『エコ・エコノミー』、家の光協会。

著者

奥谷　三穂（おくたに　みほ）
1957年岐阜県に生まれる。花園大学文学部仏教学科で禅学を学ぶ。京都府庁に入庁し様々な分野の行政に携わる中で、環境政策に９年間関わる。環境と文化の問題を追究するため京都橘大学大学院に社会人入学、2008年、博士（文化政策学）を取得。2010〜2011年、京都府立大学公共政策学部准教授。現在、京都府職員として文化行政に携わる。

環境《かんきょう》・文化《ぶんか》・未来創造《みらいそうぞう》
——学生と共に考える未来社会づくり——

2013年 3月11日　第１刷発行

編著者
奥谷《おくたに》 三穂《みほ》

発行所
㈱芙蓉書房出版
（代表 平澤公裕）
〒113-0033東京都文京区本郷3-3-13
TEL 03-3813-4466　FAX 03-3813-4615
http://www.fuyoshobo.co.jp

印刷・製本／モリモト印刷

ISBN978-4-8295-0579-3